KB234108

냉장고 세탁기 없어도 괜찮아

궁극의 미니멀라이프

냉장고 세탁기 없어도 괜찮아
궁극의 미니멀라이프

1판 1쇄 발행 2016년 10월 10일
1판 3쇄 발행 2019년 3월 15일

지은이   아즈마 가나코
옮긴이   박승희
펴낸이   정원정, 김자영
편집   홍현숙
디자인   형태와내용사이
마케팅   소요프로젝트

펴낸곳   즐거운상상
주소   서울시 종로구 옥인3길 6-4(누상동 24. 상하그린빌 101호)
전화   02-706-9452 팩스 02-706-9458
전자우편   happywitches@naver.com
페이스북   @happydreampub
출판등록   2001년 5월 7일
인쇄   천일문화사

* 이 책의 모든 글과 그림, 디자인을 무단으로 복사, 복제, 전재하는 것은 저작권법에 위배됩니다
* 책값은 뒤 표지에 있습니다.
* 잘못 만들어진 책은 서점에서 교환히여 드립니다.
* 전자책으로도 출간되었습니다.

궁극의 미니멀라이프

아즈마 가나코 지음 박승희 옮김

즐거운상상

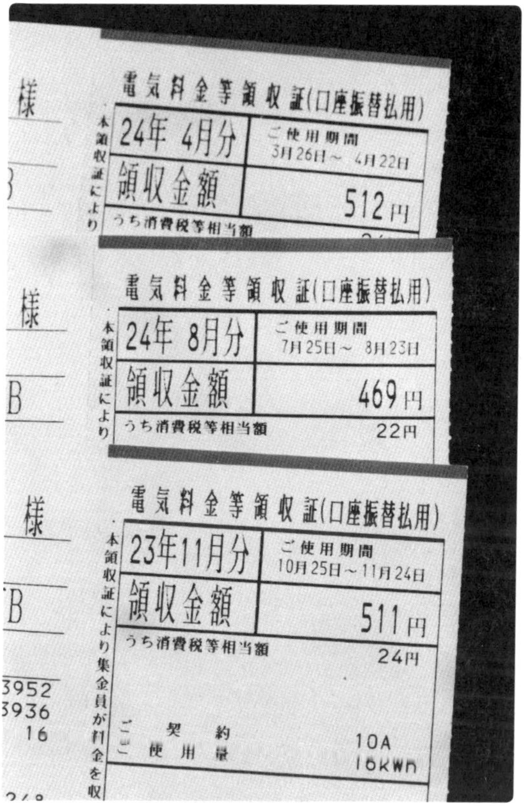
様
電気料金等領収証(口座振替払用)
24年 4月分
ご使用期間
3月26日～ 4月22日
領収金額
512円
うち消費税等相当額
本領収証により
様
B
電気料金等領収証(口座振替払用)
24年 8月分
ご使用期間
7月25日～ 8月23日
領収金額
469円
うち消費税等相当額
22円
本領収証により
様
B
電気料金等領収証(口座振替払用)
23年11月分
ご使用期間
10月25日～11月24日
領収金額
511円
うち消費税等相当額
24円
ご契約
10A
ご使用量
16kWh
本領収証により集金員が料金を収
3952
3936
16

우리집 전기요금 1달 평균 500엔.

우리 집 한 달 전기요금은 500엔입니다.

남편과 두 아이, 그리고 저 이렇게 넷이서 살고 있죠.

4인 가구의 전기요금이 500엔이라고 하면 사람들은
"힘들겠어요."
"너무 무리하는 거 아니에요?" 라고 말합니다.

왜 이런 생활을 하느냐고요?
그건 그냥 이 생활이 좋기 때문이에요.

전자제품이나 물건들이 별로 없어도 불편하지 않습니다.

오히려 없어서 마음은 더 편해요.

세탁기가 없어도 '대야'만 있으면 됩니다.

청소기가 없어도 '빗자루'만 있으면 됩니다.

냉장고가 없어도 '저장식품'만 있으면 됩니다.

억지로 무리하는 게 아니에요.

전 이런 것들이 더 좋아요.

다만 그뿐이에요.

사람들에게 '별나다'란 말을 자주 듣습니다.

하지만 저에게는 이게 일상입니다.

돈을 쓰지 않고 나의 노동력을 쓰는 것.

이런 생활이야말로 제게는 최고의 '호사'랍니다.

이 책에서는 그런 저의 생활을 소개하려고 해요.

전기요금 500엔의 제 생활이

여러분의 삶을 즐겁게 해줄 힌트가 된다면 기쁘겠어요.

Contents

1장 전기요금 500엔으로 누리는 넉넉한 일상

2장 냉장고 없이도 사계절 맛있는 상차림

Contents

3장 옷 세 벌로 심플하고 멋지게 코디하기

4장 오래된 집에서 오래된 물건과 함께하는 느긋한 일상

Contents

5장 얼굴을 맞대며
친밀감을 키우는 인간관계

6장 남과 비교하지 않고
내게 맞는 착한 미니멀라이프

전기요금 500엔으로 누리는
넉넉한 일상

가전제품 없이 살기

우리 집엔
냉장고도
세탁기도
청소기도 없습니다.
있는 게 당연하다고
여기던 것들을
없애보면
생활의 본질이
보여요.

우리 집에는 어느 집에나 있는 가전제품이 없습니다.

우선 냉장고가 없어요.

식료품은 필요한 양만 사고 상온에서 보관할 수 없는 것들은 며칠 이내에 먹어치웁니다. 일단 슈퍼마켓에서 대량으로 구매해 냉장고에 쟁여 두는 일은 없습니다. 기본적으로 제 손에 들어오면 되도록 싱싱할 때 빨리 소비하려고 노력합니다.

남은 것을 보존하고 싶을 때는 말리거나 장아찌를 만드는 등 저장 식품으로 가공합니다. 육류나 생선도 된장이나 술지게미, 소금, 누룩 등에 절이면 상온에서 보관할 수 있어요.

냉장고 없이 어떻게 사나 싶겠지만 장보러 가기 불편한 곳에 사는 게 아니라면 없어도 아무런 문제가 안 됩니다. **냉장을 하면서까지 오래 보관해야 하는 식재료는 사실 별로 없다는 걸 알게 됩니다.** 냉장고가 '저 상고'로 쓰이고 있다면 이번 기회에 냉장고 안을 한번 점검해 보세요.

세탁기도 없어요.

보통의 경우 옷이 더러워지는 주된 원인은 '땀', '때', '먼지'인데 먼지 는 솔질을 하면 깨끗이 제거됩니다. 세탁은 대야에 물을 받아 비누를 녹여 손빨래하면 때를 없앨 수 있죠. 잘 지워지지 않는 더러움은 빨래판을 이용해 없앱니다.

귀찮은 생각이 들기도 하겠지만 시간도 별로 안 걸리고 빨래량이 적을 경우에는 오히려 손빨래가 빠르고 편합니다.

심지어 청소기도 없습니다.

청소는 기본적으로 '빗자루와 걸레'를 사용해요. 보통은 빗자루질만 해도 충분히 깨끗해지거든요. 청소용 세제도 쓰지 않아요. 옛날부터 써 온 이 두 가지 도구는 지금도 여전히 유용합니다. 전기를 쓰지 않고도 충분히 청소할 수 있죠. 그리고 전자레인지와 에어컨도 없습니다. 전기면도기와 드라이어도 없어요. 남편은 면도칼로 수염을 깎습니다. 머리는 자연 건조하지요.

집에 있는 전자제품이라고는 전구 3개와 오디오, 가정용 쌀 정미기, 다리미, 선풍기, 컴퓨터, 유선전화기 정도예요. 텔레비전은 남편이 볼 때만 벽장에서 꺼냅니다.

어느 집에나 당연히 있는 것이 우리 집에는 없다보니 신기한 취급을 받지만 전자제품 중에는 없어도 괜찮은 것이 의외로 많습니다.

1950년대까지만 해도 대부분의 사람들은 전자제품 없이 사는 걸 당연하게 여겼습니다.

지금 '있는 게 당연하다'고 생각하는 것들에 대해 다시 한번 생각해본다면 삶의 본질이 보일지도 모릅니다.

낮은 밝고
밤은 어두운 법.
전구 3개로
지내다보면
자연의 원래 모습을
알게 됩니다.

우리 집 조명은 전구 3개가 전부입니다. 거실과 부엌, 목욕탕에 한 개씩 있어요. 어둡지 않냐고 많이들 물어보는데 이젠 익숙해져서 괜찮습니다. 처음에는 조금 어둡다는 생각도 들었지만 시간이 조금 지나자 오히려 밖이 너무 밝다는 느낌이 들었어요. 밤에도 전기가 환하게 켜져 있는 것을 보면 '저렇게까지 밝지 않아도 될 텐데.'라는 생각을 하게 되요.

부엌의 조명은 거의 쓰지 않습니다. 기본적으로 어두워지면 요리를 하지 않거든요. 조명에 의존하지 않고 밝을 때 요리를 끝내는 게 습관이 되었어요.

전구 3개로 살다보면 밝은 낮 시간에 여러 가지 일을 끝내고 밤에는 푹 쉬는 습관이 생깁니다. 생활 리듬을 조절하면 몸도 마음도 건강해진다는 것을 느끼게 된답니다.

집이 어두우면 기분까지 어두워지지 않느냐고요? 그렇지 않아요. 기분이 어두워진다기보다 오히려 차분해집니다. **방이 어두우면 마음이 차분해져요.**

불면증으로 고생하는 사람 중에는 자기 직전까지 밝은 빛에 노출

된 경우가 많다고 합니다. 컴퓨터를 보거나 게임을 하거나 휴대전화를 만지작거리면 머릿속이 또렷해져 잠을 잘 수 없게 되지요. 밤에는 어두워야 눈도 편해지고 머리도 마음도 안정됩니다. 그러면 자연스럽게 잠에 빠지지 않을까요?

아이가 자지 않는다고 고민하는 엄마들도 많은데 우리 집의 6살과 3살짜리 아이들은 매일 저녁 7시경이면 잠자리에 듭니다. 방법은 간단해요. 매일 정해진 시간에 방을 어둡게 하고 이불 속에 들어가는 걸 습관화했죠. 처음에는 잠들기까지 시간이 좀 걸렸지만 꾸준히 계속했더니 자연스럽게 잠들더군요.

낮은 밝고 밤은 어두운 게 자연스러운 일입니다. 하지만 인공조명 탓에 낮이고 밤이고 관계가 없어졌죠. 그것은 그것대로 편리함이 있지만 인간을 본연의 모습으로부터 멀어지게 만듭니다. 밤에도 쇼핑을 하거나 음식을 먹을 수 있게 된 편리함 대신 쓸데없는 에너지와 돈을 쓰게 되고 몸에도 부담을 주게 되니까요.

낮에는 움직이고 밤에는 자는 것. 당연하지만 그게 자연의 모습 아닐까요? "전구 한 개로는 어둡다."는 말은 뒤집어 보면 "지금까지 너무 밝게 살았다.”는 뜻이지요. 밤은 원래 어두운 것입니다.

되도록 조명에 의지하지 않고 태양빛에 맞춰 생활하다보면 낮에는 활동적이 되고 밤에는 졸리는 자연스러운 사이클이 생겨납니다.

낮에 졸리고 반대로 밤에 잠들지 못하는 경우라면 이번 기회에 인간 본연의 모습에 대해 생각해 보는 건 어떨까요?

도구는
사용할 때 꺼내고
다 쓰면
정리하는 것이
철칙.
텔레비전도
볼 때만
벽장에서 꺼냅니다.

올림픽이나 스포츠 중계가 있을 때를 제외하면 저는 텔레비전을 보고 싶을 때가 별로 없습니다. '정말 보고 싶은 것만 본다'는 게 제 소신이랍니다. 저의 정보원은 라디오, 신문, 책과 잡지예요. 성인이 되어 독립한 후 혼자 살기 시작하면서 텔레비전을 거의 보지 않았더니 자연스럽게 방에 텔레비전이 없는 게 당연해졌어요.

텔레비전을 보는 습관이 없어지면 텔레비전을 보고 있는 시간이 아깝게 느껴지게 됩니다. 다른 것을 하고 싶다고 생각하게 되지요.

저는 평소에 라디오를 자주 들어요. 라디오는 집안일이나 업무, 공부 등 다른 일을 하면서도 들을 수 있죠. 그래서 시간을 효과적으로 사용할 수 있어요. 영상이 없는 만큼 귀로 들어오는 정보를 바탕으로 상상하며 듣기 때문에 아이디어와 사고력을 단련하기에도 좋아요.

텔레비전은 평소에 벽장에 넣어두고 볼 때만 꺼냅니다. 사람들이 가끔 놀라기도 하는데 생각해보면 '사용할 때만 꺼내는 것'이 맞는 것 같아요.

옛날 텔레비전은 무겁고 컸기 때문에 가족들이 모이는 방에 둬야 했을 거예요. 하지만 요즘은 얇고 가벼운 것도 많잖아요. 사실 우리 집 텔레비전도 컴퓨터보다 작은 휴대용 크기예요.

텔레비전이 방에 있으면 별 이유도 없이 전원을 켜는 경우가 있는데 '사용할 때만 꺼내기'를 습관화 하면 '꺼내면서까지 보고 싶은가?'가 하나의 판단 기준이 됩니다.

일본에서는 공간을 효율적으로 사용하기 위해 옛날부터 필요할 때 물건을 꺼내 쓰는 일이 많았어요. 예를 들면 식탁이 아니라 밥상, 침대가 아니라 이불을 꺼내는 식으로 말이죠. **치워야하는 수고로움이 있지만 방을 깔끔하고 넓게 쓸 수 있고 청소하기도 쉽다는 장점이 더 크지 않을까요?**

에어컨 없이 살기

여름은 덥고
겨울은 추운 법.
에어컨에
의존하지 않고
생활하면
몸도 마음도
건강해집니다.

우리 집에는 에어컨도 없습니다.

일본에는 사계절이 있어 여름은 덥고 겨울은 춥기 마련인데 우리는 에어컨이 없기 때문에 계절을 온몸으로 느끼며 생활하고 있지요.

다만 무리해서 열사병에 걸리지 않도록 평소에 조심해요. 더운 계절에는 부채를 쓰거나 창문을 열어 통풍이 잘 되게 만들죠. 조금이라도 더위를 누그러뜨리기 위해 녹색식물로 커튼을 만들거나 발을 치기도 해요. 마당의 나무에 물을 주면 '물을 뿌리는 효과'가 있으니 한번 해보세요.

반면 겨울에는 주로 숯을 이용합니다. 코다츠(나무틀에 화로를 넣고 그 위에 이불이나 담요를 덮는 일본의 온열기구 - 옮긴이)나 화로에 숯을 넣어 온기를 얻습니다.

그 중에서도 화로는 손쉽게 사용할 수 있어 편리합니다. 사용법은 간단해요. 뜨겁게 달군 숯을 코다츠나 화로에 넣고 손이나 발을 녹이는 거죠. 숯은 가스레인지로 불을 붙일 수 있고 한 번 불이 붙으면 하루 종일 쓸 수 있어요. 밤에는 재에 묻어 두면 불이 꺼지지 않고, 아침에 재를 치우면 금방 다시 쓸 수 있어요. 익숙해지면 매번 불을 피우지 않아도 계속 연결해 쓸 수 있답니다.

"숯을 사용하는 게 귀찮지 않나요?"라는 질문을 자주 들어요. 처음

겨울에 아주 유용한 화로.

에는 불을 붙이는데 시간이 걸리고 도중에 꺼지기도 했지만 익숙해지면 그렇게 힘들지 않습니다. 화로는 원하는 곳이면 어디든 옮길 수 있고 물도 끓일 수 있어서 가습기 역할도 하지요. 겸사겸사 떡이나 고구마를 구워 먹을 수도 있고요. 타고 남은 재는 세제 대신 쓰거나 흙에 뿌려 비료로도 쓸 수 있으니 얼마나 좋은지 몰라요.

단, 빌라나 아파트에 따라서는 사용을 금지하는 곳도 있고, 환기를 자주 하지 않으면 일산화탄소 중독이 될 수 있으니 조심해야 합니다.

냉난방 다음으로는 더위와 추위에 대비해 어떤 음식을 준비할까, 궁리해요. 제철음식을 제때 먹으면 계절에 맞게 몸이 따뜻해지거나 시원해지거든요. 여름에는 여름 채소죠. 오이와 토마토, 가지, 수박을 즐겨 먹어요. 겨울에는 생강과 파와 근채류를 먹지요. 마늘이나 고추도 많이 먹어요.

야채는 슈퍼마켓이나 편의점보다는 가까운 직매장에서 자주 사기 때문에 자연히 제철 재료가 중심이 됩니다. 인근 지역에서 제철에 수확한 것이니 그 땅의 기후에 맞는 제철 재료를 구할 수 있습니다.

물론 제철음식을 먹는다고 몸이 극적으로 좋아진다거나 큰 변화가 생기는 건 아니에요. 약처럼 즉효성이 있는 것도 아니죠. 하지만 제

경험에 비춰보면 학생 때부터 제철음식을 챙겨 먹으려고 노력한 덕분에 예전보다는 더위나 추위에 강해진 것 같아요. 손발이 차갑지 않고 감기도 잘 안 걸린답니다. 계속 실천하다보면 조금씩 체질이 바뀌는 게 느껴져요.

에어컨에 너무 의존하지 말고 제철음식 위주로 먹다 보면 지금까지 느꼈던 몸의 불편한 증상들이 개선될 수도 있어요. **전기요금도 병원비도 들지 않으니 일석이조 아니겠어요?**

화로 사용법

〈화로에 대해〉

화로

다양한 소재와
모양의 화로가 있다.
우리 집은 목제
둥근 화로.

재

화로 안에 넣어
둔다. 단열재
역할을 한다.

부손

철제로 재를 평평하게
고를 때 사용한다.

부젓가락

다 탄 숯을 잡는
철제 젓가락

삼발이

쇠 주전자 등을 얹는
받침대. 쇠 주전자를 얹어
사용하면 물을 끓이거나
가습기 대신 사용할 수도 있다.

불 끄는 항아리

사용하던 숯을 넣고
뚜껑을 닫으면
항아리 안의 산소가
없어져 불이 꺼진다.

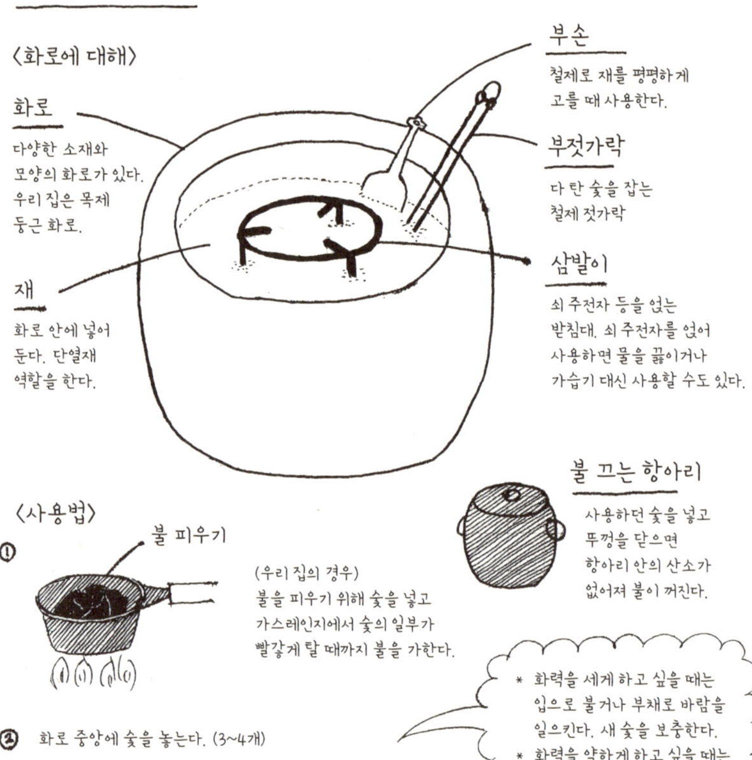

〈사용법〉

① 불 피우기

(우리 집의 경우)
불을 피우기 위해 숯을 넣고
가스레인지에서 숯의 일부가
빨갛게 탈 때까지 불을 가한다.

② 화로 중앙에 숯을 놓는다. (3~4개)

③ 끌 경우 ······ 사용하던 숯을 뚜껑이 있는 항아리에 넣는다.
(꺼진 숯은 다시 사용할 수 있다. 새 숯보다 불이 잘 붙는다.)
남길 경우 ······ 사용하던 숯을 재 안에 묻어두면 불이 꺼지지
않으므로 잠깐 시간이 지난 후에도 금방 사용할 수 있다.

빨래와 설거지는 '대야'에

세탁기나
식기세척기가
없어도
'대야'만 있으면
모두 OK.

세탁기는 2년 전부터 사용하지 않습니다. 전부 손빨래를 하지요. 세제는 고형비누 하나만 있으면 됩니다.

제 세탁 방식은 간단합니다. 먼저 대야에 목욕하고 남은 물을 모은 다음 비누를 녹입니다. 그리고는 세탁물을 넣어 손으로 누르거나 주물러 빨아요. 2번 정도 물을 갈아 헹군 뒤 물기를 짜면 끝입니다.

빨래의 더러움은 기본적으로 '땀'과 '때'입니다. 매번 음료수나 간장을 흘리는 것도 아니므로 세탁기로 늘 꼼꼼하게 빨 필요는 없어요. 손으로 빨면 더러운 정도에 따라 나눠 빨 수도 있죠.

사실 시간도 별로 안 걸려요. 여름에는 목욕하는 김에 해치우니까요. 대야에 물을 담고 옷을 넣은 후 아이에게 밟도록 해요. **헹구기까지 포함해 10~20분이면 4인 가족의 세탁이 끝난답니다.**

목욕 수건 같은 큰 빨래가 있으면 힘들기 때문에 평소 몸을 닦는 수건은 작은 스포츠 타월을 쓰는 게 제 비법이죠.

〈세탁 도구〉

세탁에 쓰는 도구는 대야와 빨래판, 비누뿐입니다.
대야와 비누는 세탁 이외의 용도로도 사용할 수 있죠.
세탁기에 비해 장소도 차지하지 않아 편리해요.
추울 때는 고무장갑을 끼고 빨아요.

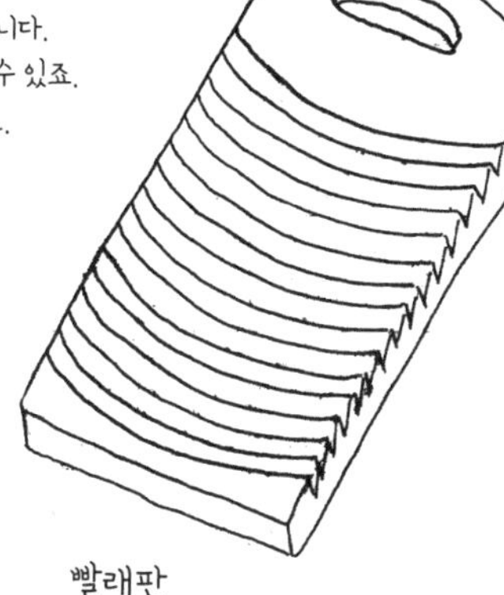

빨래판

홈이 파여 있는 나무로 된 판.
비눗물이 홈에 고여 때가 잘 빠져요.

대야

금속제 용기. 세탁 이외에도 세탁물을 넣어 운반하거나
물을 담는 등 다양한 용도로 사용.

비누

세탁 세제는 이것 하나뿐.
세탁 이외에 식기 세척, 세안,
청소 시에도 사용해요.

쉽게 지워지지 않는 더러운 빨래는 '빨래판'을 사용합니다. 셔츠 깃에 비누를 묻혀 빨래판에 문지르면 때가 잘 빠져요. 옷들끼리 문지르는 것보다 손상이 덜된답니다. 나무 재질이라 촉감이 부드럽기 때문에 더러움은 떨어지지만 천은 손상되지 않아요.

비누 하나로 끝낼 수 있으니 세탁과 관련된 쇼핑도 간단해요. 가루 세제도 액체 세제도 필요 없고 쓰레기도 줄지요. **비누는 몸을 씻을 때도 식기 세척이나 청소를 할 때도 사용할 수 있어요.** 세탁기를 쓸 때는 곰팡이 때문에 일 년에 몇 번 산소계 표백제를 써서 곰팡이를 제거했지만 그것도 이젠 할 필요가 없답니다.

전자제품에 익숙해지면 손으로 하는 건 힘들어 못한다고 생각하기 쉬워요. 하지만 일단 해보면 의외로 간단히 할 수 있다는 걸 알게 될 거예요. 돈도 시간도 수고도 별로 들지 않아요. 우선은 목욕하는 김에 대야와 비누를 이용해 빨래에 도전해 보세요. 속옷부터 시작해 보는 것도 좋겠죠.

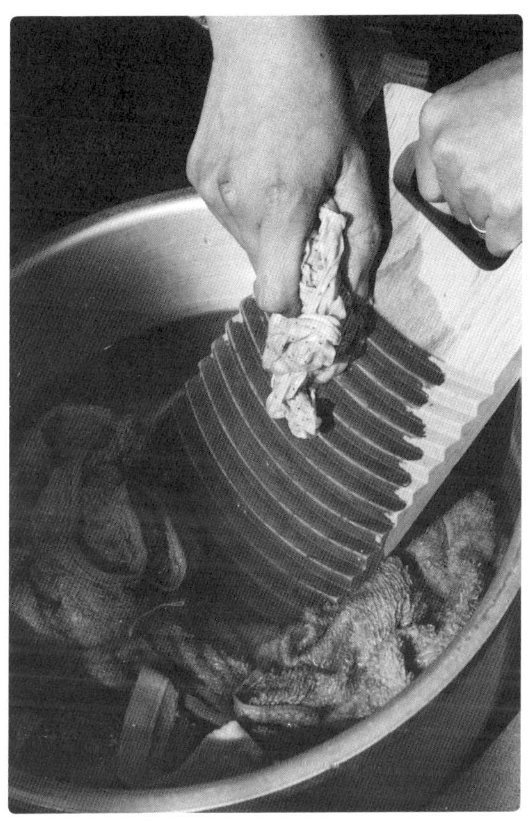

더러움이 심할 때 쓰는 빨래판.

식기 세척기도 없어요. 설거지 대야 하나면 충분해요.

설거지를 할 때는 '담가서 씻기'가 기본이에요. 마지막 헹굴 때만 물을 틀어서 헹굽니다. 이때 수도에서 흐르는 물은 연필 굵기 정도면 충분해요.

요즘은 대야가 아예 없는 집도 많은 것 같아요. 세면대도 좋지만 큼지막한 대야가 있으면 더욱 편리하답니다. 우리 집에는 지름이 30센티 정도 되는 보통 사이즈의 대야와 아이가 들어갈 정도로 큰 대야가 있어요. 이 두 개는 용도에 따라 구별해 사용합니다.

대야는 정말 편리해요. 물을 퍼 담을 때, 빨래할 때, 야채나 식기 등을 씻을 때, 머리를 감을 때 등 다양하게 활약합니다. 아이가 갓난아기였을 때는 대야를 목욕통 대신 쓰기도 했어요. 편리하기도 하고 물도 아낄 수 있어요. 이번 기회에 대야에 대해 다시 생각해보는 건 어떨까요?

6   '편리'의 유혹에서 벗어나기

편리함을
찾기 시작하면
끝이 없어요.
기계나 도구 탓만
하는 건
이제 그만두는 게
어때요?

편리한 전자제품이 계속 나오지만 저는 별로 갖고 싶은 생각이 없어요. 일시적으로는 생활이 편해질지 모르지만 소유물이 늘어난다는 스트레스가 더 크기 때문이죠.

가전제품이나 물건으로 꽉 찬 생활을 상상하면 힘들겠다는 생각이 들어요. 청소나 정리정돈도 힘들고, 직접 하지 않고 기계에 맡긴다는 것이 긴 안목으로 보면 오히려 불편하다는 생각이 들거든요.

편리함을 쫓기 시작하면 한도 끝도 없어요. 더 좋은 것을 요구하기 시작하면 끝이 없지요. 예컨대 요리를 할 때도 슬라이서나 식품 다지기 같은 다양한 도구가 있지만 저는 칼 하나만 있으면 대부분 할 수 있다고 생각해요.

직업 요리사나 음식점 등에서 매일 대량으로 만들어야 하는 분에게는 이 도구들이 편리하고 큰 장점이 있겠죠. 하지만 저처럼 일반 가정에서 평소 가족의 식사를 만드는 정도라면 최소한의 도구로도 큰 어려움이 없더라고요. **도구가 너무 많으면 찾거나 관리하기도 힘들어요. 그럴 경우 '있다'는 것이 스트레스의 원인이 되어 버리죠.**

우리 집에는 오븐이나 전자레인지도 없답니다. 오븐으로 만드는 요리는 프라이팬을 이용해 만들어요. 밥과 반찬을 데울 때도 냄비나

찜통, 프라이팬 중 하나를 이용하면 충분히 해결됩니다.

기계에 의존하는데 익숙해지면 '그게 없으면 할 수 없다'고 생각하게 됩니다. 하지만 '있는 것으로 어떻게 하면 좋을까?'라는 발상으로 전환하면 그렇게 많은 도구는 필요 없어요.

물건을 새로 사기 전에 '지금 있는 것으로 활용하면 어떨까?'라고 생각하는 습관을 가져보세요.

기계에 의존하면
몸이 나약해집니다.
'편리'가 지나치면
'불편'이 됩니다.

편리한 것에 의존하다보면 몸과 머리는 점점 나약해집니다

저희 할머니는 현재 93세지만 지금도 혼자서 잘 지내시는데요, 그 이유가 뭘까 생각해봤더니 오랫동안 당신이 직접 모든 일을 해왔기 때문인 것 같아요. 근육이나 뇌 등 우리가 쓰지 않는 몸의 기능들은 빨리 쇠퇴한다고 합니다. 그래서 몸을 움직일 수 있는데도 편하게 지내는 건 긴 안목에서 보면 좋지 않은 거죠. 할머니는 아직까지 지팡이 없이 꼿꼿이 걷고 당신과 관련된 대부분의 일을 스스로 합니다. 그건 아마도 오랫동안 자신의 머리와 몸을 쓰며 살아왔기 때문이 아닐까 생각해요.

점점 더 지나치게 편리함을 쫓느라 우리가 할 수 있는 일까지 기계나 기구에 의존하게 되고, 그로 인해 머리와 몸이 쇠퇴하는 사람들이 늘어날까봐 걱정이에요.

걸을 수 있는 거리인데 차를 타거나 처음 가는 곳은 지도가 아니라 스마트폰으로 쉽게 찾아가죠. 최첨단의 편리한 삶만 추구하면 진짜 중요한 자신의 머리나 몸을 사용할 기회가 줄어들어요. 편리한 것에 너무 의존하지 말고 필요에 따라 적절히 구분해서 사용했으면 좋겠어요.

우리의 생활이 편리해질수록 어디선가는 반드시 그 '대가'를 지불해야 합니다. 생활이 편리해져 몸을 움직이지 않으면 건강이 나빠지기 쉽습니다. **그래서 의료비 지출이 늘고 건강기구를 사는 등 결국 돈도 시간도 오히려 소모하게 되는 악순환에 빠지고 마는 거죠.**

지나치게 편리한 것은 오히려 불편한 것. 적당한 정도에서 멈추는 게 좋지 않을까요? 편리함의 힘을 조금은 빌리더라도 너무 의존하지 않는 정도가 딱 좋아요.

어디까지 할 수 있을지는 사람마다 다르겠지만 필요한 것은 받아들이고 할 수 있는 것은 스스로 해 보려고 조절하는 노력이 중요하다고 생각해요.

지나치게
편리한 생활을 쫓다보면
정말 소중한
물과 공기 등을
오염시키게 됩니다.
만족할 줄 아는 것이
중요해요.

편리가 지나치면 오히려 불편해진다는 것은 개인의 이야기일 뿐만 아니라 사회 전체적으로도 통용되는 말입니다.

사람들은 보다 편리해지기 위해 많은 전기를 필요로 하죠. 효율적으로 에너지를 만들어내기 위해 원자력 발전소를 만들기에 이르렀고요. 표면상으로는 과거보다 풍요롭고 편리해졌지만 결과적으로는 '사고나 재해'라는 형태로 대가를 지불해야만 했어요. 공기도 물도 오염되어 버렸죠.

최근 들어 중국에서 넘어오는 대기 오염이 문제가 되는데 우리 주변의 자동차 배기가스나 석유난로 등에서도 같은 오염 물질이 나온답니다.

편리를 쫓고 그것이 지나치게 되면 자원이 부족해지고 오히려 더 불편해지는 날이 올 거예요. 자원을 전혀 안 쓸 수는 없겠지만 자연의 재생 능력을 넘지 않는 범위에서 필요한 만큼만 최소로 사용한다면 자연은 그렇게까지 오염되지 않을 거라고 믿어요. **무진장 편리함만 추구하다가는 소중한 우리의 주변부터 무너지게 됩니다.** 그건 슬픈 일이죠.

저는 대학에서 환경을 공부했기 때문에 현대인의 삶에 대해 여러 가지로 생각이 많아요. 제품의 과잉 포장, 밤낮을 가리지 않고 환히 켜져 있는 조명, 가게나 전철의 지나친 냉난방. 가구와 건물에 쓰이는 많은 화학물질. 고치면 아직 쓸 수 있는 건물까지도 허물고 너도 나도 새 건물을 짓습니다. 농지와 산림도 개발되어 택지로 변해가죠. 식품에도 농약이나 첨가물을 많이 사용하고, 먼 곳에서 많은 에너지를 들여 운반해 오기도 하죠. 일회용 상품도 많아졌어요. 말하기 시작하면 끝도 없는데, 과연 그렇게까지 필요한가 싶은 것들도 많아요.

물도 공기도 사람이 살기 위해 없어서는 안 되는 것들입니다. **물과 공기 그리고 그것을 정화하는 자연을 파괴하거나 더럽힌다면 결국은 돌고 돌아 우리에게 되돌아올 거예요.** 개개인이 할 수 없는 일들도 많지만 우리 각자가 할 수 있는 일들도 많답니다. 지금까지 당연하다고 생각했던 것들을 다시 한 번 돌아보는 건 어떨까요?

전기 자동차도 친환경이라 말하지만 제조 과정에서 혹은 자동차를 움직이기 위해 전기를 만드는 과정에서 결국 석유가 필요합니다. 태양광 패널도 환경에 좋은 면이 많지만 그 패널을 만드는 데도 많은 에너지가 사용되고, 쓰고 난 패널은 쓰레기가 됩니다. **그렇게 생각하면 '에너지를 어떻게 하면 많이 만들까'가 아니라 '에너지 사용량을 어떻게 줄일 것인지'를 생각해야 합니다.**

원래 태양빛 자체가 밝은 것이니 낮에 그 빛을 방으로 끌어들인다면 손쉽게 태양 에너지를 이용할 수 있어요. 패널을 이용해 얻은 에너지를 전기로 바꾸고 그것으로 전등을 켜는 것은 멀리 돌아가는 것이자 에너지를 낭비하는 것과 같습니다.

결국 과거의 심플한 삶의 방식이 사실은 가장 편리한 것이 아닌가 하는 생각이 들어요.

9 이것으로도 '충분'하다는 생각

필요하다고
새로 사지 말고
있는 것을
활용할 방법을
찾아요.

편리한 것에 지나치게 의존하다보면 몸과 머리가 무뎌지게 됩니다. 원래 할 수 있던 것도 못하게 되죠.

옛날에는 불을 피워 밥을 짓는 일이 당연한 것이었잖아요. 가스도 전기도 없고, 전기밥솥 같은 것도 물론 없었으니 매번 불을 피워야 밥을 지을 수 있었지요. 그러나 지금은 대부분의 사람들이 불 피우는 법을 모릅니다.

이전에는 당연히 할 수 있었던 일들을 하지 못하게 된 거죠. 옛날에는 냉장고가 없기 때문에 어느 집이나 절임류와 저장식품을 만들었지만 지금은 그 노하우도 중요하지 않게 되었어요.

물론 필요하다면 의존해도 되지만, 지진 같은 예측불허의 사태가 발생했을 때는 곤란을 겪게 됩니다. **기술이 발전하고 편리한 것들이 주위에 늘어날수록 우리의 능력과 체력은 조금씩 쇠퇴하고 있는지도 모릅니다.** 원래 우리가 익혀야 할 기술과 노하우를 잃어 가고 있는지도 모른다는 생각은 하고 있어야 할 것 같아요.

저는 수돗물을 틀어 놓고 일하지 않습니다. 언제나 대야에 물을 받아서 사용하는데 그건 제 사고방식의 기본과도 맞닿아 있죠. 수돗물을 틀어 사용한다는 발상은 '나오는 대로 쓴다', '있는 대로 쓴다', '펑펑 쓰고 버린다'는 식의 사고방식입니다. 반면에 물을 대야에 담는다는 발상은 '한정된 가운데 어떻게 할 것인가?'라는 사고방식입니다. 일정 량을 담아 이 물을 어떻게 활용할 것인지 생각하는 거예요.

지금은 풍요로운 환경 덕분에 수도꼭지를 틀면 원하는 대로 물이 나오는데, 이처럼 '필요할 때 필요한 만큼 틀면 된다'는 발상은 엄청난 낭비를 낳고 제한을 없앱니다.

욕실에서 샤워나 머리를 감을 때 대야에 물을 받아서 쓸 경우에는 이 양으로 씻으려면 어떻게 해야 할지, 어디서부터 씻을지 등을 생각하게 됩니다. 나이가 지긋한 지인께 들은 얘기인데, 물이 귀했던 시절에는 한 대야의 물로 샤워에서 샴푸까지 온몸을 씻었다고 해요. 그렇게까지 하기는 어렵겠지만 '한정된 것을 어떻게 연구해 사용할까?'라는 발상은 앞으로의 생활에 필요한 사고방식이 될 거라 생각해요.

저희 할머니는 입버릇처럼 '아깝다'란 말씀을 하십니다.

어렸을 적에 어머니 심부름으로 할머니께 저녁 반찬을 가져다 드릴 때면 어둑어둑한 데도 불이 꺼져 있었어요. "어? 왜 불을 안 켰어요?"라고 물으면 "아직 보이니까 괜찮아."라고 말씀하셨죠. 할머니는 신문 글씨가 보이지 않을 정도로 어두워져야 불을 켰어요. 볼일이 있어 밤에 할머니 댁에 가보면 대개 어두웠어요. 벌써 잠이 드셨나 생각했는데 탁상 위에 스탠드만 켜놓고 뜨개질을 하고 계셨던 적도 있죠.

할머니는 젊은 시절에 전쟁 중 공습으로 집이 불 탄 경험이 있으셨대요. 그 때 '아무것도 남지 않는 것'이 무엇인지 알게 되었기 때문에 그 뒤에도 '아깝다'는 말씀을 자주 하시는 거죠. 아깝다는 생각, 만족할 줄 아는 마음을 소중하게 여겼으면 좋겠어요.

10 나의 형편에 맞는 생활

분에 넘치는
생활을
벗어 던지고
형편에 맞는
생활로
돌아가자.

기술 진보로 인해 사람들은 자기 능력 이상의 힘을 갖게 되었습니다. 그래서 편리해진 점도 있지만 역시 '자기 형편에 맞는' 생활이 제일이지 않을까요? 저는 제 형편에 맞게 사는 삶이 가장 저답고 마음 편한 것 같아요.

'형편에 맞게 사는 삶'이란 현대인의 생활과 비교하면 불편한 것일 수도 있어요.

반면에 혼자만의 힘으로는 살 수 없다는 것도 느끼게 됩니다. 가족이나 주변 사람이 얼마나 중요한지 절실히 느끼게 된답니다. 협력하고 서로 돕는 것이 당연해지죠. 다소 불편할지도 모르지만 서로의 유대감을 느낄 수 있어요.

요즘은 편의점이나 인터넷 같은 편리한 것들이 생겨서 혼자 살기가 편해졌어요. 집 안에서도 어지간한 일 처리가 가능해졌죠. 밖에 나가고 싶지 않으면 택배를 이용하면 됩니다. 다만 주변 사람과의 관계가 많이 줄어들고 고독이라는 대가도 치르게 되었지만요. 편리함을 추구할 것인가, 자기 형편에 맞게 살 것인가? 어느 쪽이 행복할지는 개인의 가치관에 따라 다르겠지만 저는 형편에 맞게 사는 삶을 선택하고 싶어요.

저는 1979년 도쿄 오타 구에서 태어났어요.

어렸을 적 우리 동네는 한창 개발이 진행되던 터라 건물들이 속속 들어서고 공장과 자동차 배기가스 같은 공해도 꽤 심했던 기억이 납니다. 어머니가 어릴 적에 자주 놀았다던 강도 잿빛으로 변해 버렸죠. 친구들과 공원에서 놀다가 광화학 스모그 경보가 울려 허둥지둥 집으로 돌아간 적도 있어요. 그런 경험이 있어서인지 자연과 환경을 아끼고 지켜야 한다는 생각은 철들 때부터 가지고 있었던 것 같아요.

형편에 맞게 생활하게 된 데에는 할머니의 삶을 통해 배운 부분도 많아요. 할머니는 무엇이든 낭비하지 않고, 가진 것으로 활용할 연구를 했고, 전기도 물도 정말 필요한 만큼만 쓰셨어요.

그렇게 소박한 생활을 했지만 절대 억지로 하지는 않았어요. 할머니는 진심으로 즐기는 것처럼 보였지요. 그래서 저도 형편에 맞게 사는 생활이 싫지 않았어요. 할머니의 모습을 보고 굉장히 좋은 이미지와 긍정적인 이미지를 갖게 된 거죠.

만약에 절약하라는 잔소리를 듣거나 강요를 당했다면 혐오감을 느꼈을 수도 있어요. **하지만 음식물 쓰레기를 땅에 묻을 때도, 바느질을 할 때도, 풀을 뽑을 때도 할머니는 언제나 즐거워보였어요.** 형편에 맞는 생활을 하라는 말을 들어서가 아니라 그런 생활이 즐거워보였기 때문에 자연스럽게 저도 흉내 내고 싶어졌던 것 같아요.

일방적인 제 생각을 말씀드렸지만, 생활은 즐거운 게 최고입니다. 즐겁지 않으면 지속할 수 없어요. "절약하자, 검소하게 살자."고 다짐하고 무리한다고 해서 그게 지속될 수 있을까요?

제 생활 속에서 '재미있겠다'고 느낀 부분이 있다면 하나라도 적용해 보면 좋겠어요.

냉장고 없이도
사계절 맛있는 상차림

저장식품
만드는 법을
알아 두면
냉장고가 없어도
괜찮아요.

저희 집에는 냉장고가 없어요. 남은 식재료는 저장식품으로 만들어 두죠. 만들기는 수고스럽지만 한 번 만들어 놓으면 한참을 먹을 수 있기 때문에 사실은 매우 편하답니다.

저장식품을 만드는 방법에는 ①소금, 된장 등 양념에 절이기, ②조림하기, ③말려서 건어물로 만들기가 있어요.

①양념에 절이는 구체적인 방법은 식초나 소금, 간장, 된장, 소주 등에 담그는 거예요. 같은 재료라도 절임액이나 절임 재료를 바꾸면 다양한 버전으로 즐길 수 있어요.

②조림도 간단해요. 술이나 미림, 간장, 설탕을 넣고 졸이면 돼요. 육류도 다진 고기를 양념해 볶아두면 냉암소에서 2일 정도는 거뜬합니다.

식재료를 가공하는 방법 중에서 사람들이 미처 생각하지 못하는 것이 ③말리기예요. 말리면 오래 보관할 수 있고 영양가도 늘어나지요.

우리 집 텃밭에서는 매년 겨울이 되면 무를 수십 개씩 수확한답니다. 주로 된장국과 장아찌를 만드는데 사용하지만 남을 경우에는 항상 무말랭이를 만들어 저장해요. 무청도 잘게 썰어서 말려두면 된장국 건더기나 후리카게(밥에 뿌려 먹는 가루 식품 – 옮긴이)로 쓸 수 있어요.

말리기가 익숙하지 않다면 무, 파, 근채류 같은 수분이 적은 야채부터 시작해 보세요. 실패할 확률이 적으니 적극 추천합니다. 야채는 잘게 썰어야 빨리 말라요. 계절은 건조한 가을과 겨울이 가장 잘 마르니 기억해 두세요.

곶감이나 고구마 말랭이도 집에서 만들 수 있어요. 사과도 얇게 썰어 말리면 아주 맛있답니다.

말린 생선이나 오징어, 육포 등도 냉장고가 없던 시대에 육류나 생선을 보존하기 위해 말리던 것이 시작이라고 해요.

동네 어르신께 들었는데, 냉장고가 없던 시절에는 매년 연말 선물로 받은 자반연어를 통째로 처마 끝에 매달아 놓으면 몇 개월이 지나도 썩지 않아 오래 먹을 수 있었다고 해요.

건조는 조상들의 지혜가 만들어낸 친환경적인 최고의 보존법입니다.

저장식품을 만들자

우리 집 저장식품은 주로 절이기, 발효시키기,
말려서 건조하기를 통해 만들어요.

절임

소금에 절이기, 간장에 절이기,
된장에 절이기, 식초에 절이기,
꿀에 절이기, 과일주 등

발효

된장, 감주, 누카즈케,
소금누룩, 간장누룩,
천연 효모 빵 등

건조

무말랭이, 곶감, 고구마말랭이,
말린 표고, 다양한 건조야채

〈무말랭이 만드는 법〉

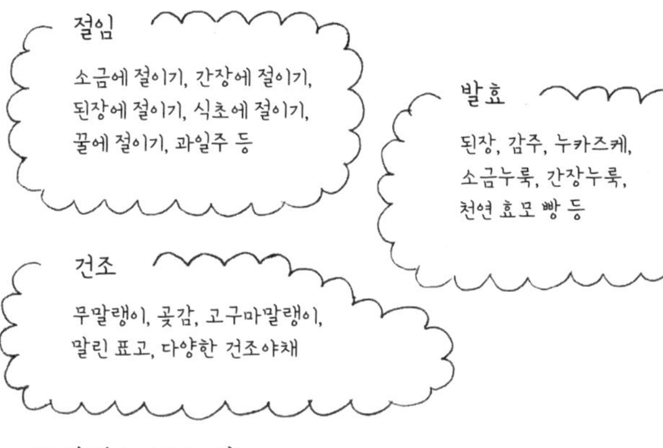

① 무를 씻어서 껍질째 잘게 썬다.

② 소쿠리나 건조망에 넓게 펴 햇볕이 잘 들고
바람이 잘 통하는 곳에서 말린다.
(밤에는 실내로 거둔다.)

③ 맑은 날 3~4일 정도 말려 바싹 마르면 완성.

* 병이나 밀봉용기에 넣어
상온에서 1년 정도 보존 가능.

↓ 1~2일 후

↓ 1~2일 후

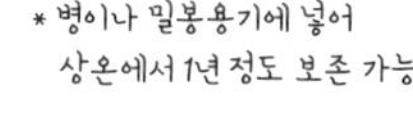

아침은
가능하면 간단하게.
건더기를
많이 넣은
된장국을
반찬으로 먹어요.

아침은 밥과 된장국과 절임류. 절임류는 봄에서 가을까지는 누카즈케(소금과 쌀겨에 각종 야채를 절여 담근 것-옮긴이), 겨울에는 무짠지와 배추절임을 자주 먹어요. 누카즈케는 쌀겨에 소금을 넣어 물로 반죽한 후 채소를 넣어 만드는데 이 쌀겨와 소금 반죽은 여러 번 쓸 수 있어요. 락교와 매실 장아찌도 1년 치를 만들어 두기 때문에 그걸 꺼내 먹습니다.

아침밥의 포인트는 '만들지 않기'예요. 전날 저녁에 먹다 남은 반찬은 데워서 남편과 아이의 도시락에 담아요. 된장국도 저녁에 다음날 아침 먹을 것까지 만들어 두고 아침에는 밥만 짓습니다.

된장국은 건더기를 많이 넣어 반찬처럼 먹으면 편해요. 텃밭에서 딴 채소라든가 자투리 야채, 말린 야채 등 있는 것을 전부 넣어요. 그러면 편하고 영양도 만점이죠. 아침부터 조림을 하거나 달걀말이를 만드는 건 힘들지만 된장국을 반찬 삼아 먹으면 편해요.

후리카세도 있는 재료로 만들어요. 무와 당근 잎을 말려 가루로 만든 후 소량의 소금과 가쓰오부시나 김, 참깨 등 있는 재료를 섞으면 맛있고 영양 만점인 후리카케를 만들 수 있어요.

〈무청으로 만드는 후리카게〉

재료 : 무청, 잔멸치 또는
잔새우 말린 것, 깨, 소금

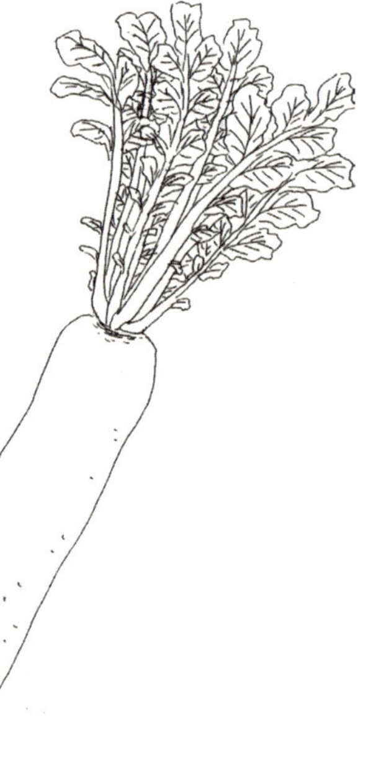

만드는 법 : 무의 잎과 줄기를 잘게 잘라
소쿠리나 건조용 망에 넣고 햇볕에 말린다.
(밤에는 실내로 거둬들인다.)

3~4일 동안 완전히 건조되면
다른 재료와 섞는다.

*소금은 맛을 보며 조금씩 추가한다.

13 힘 빼고 '대충' 요리하기

요리는
어깨 힘을 빼고
'대충' 합니다.
매일 햄버그스테이크나
닭튀김 같은
'진수성찬'을
준비하지
않아도 됩니다.

요리를 잘 못하는 사람일수록 요리할 때 기합부터 넣고 시작합니다. 완벽한 레시피를 준비한 후 "좋아! 만들어보자!"라고 기합을 넣으며 부엌으로 향하죠. 하지만 요리를 할 때는 그렇게 어깨에 힘을 주지 않아도 괜찮아요.

아침밥은 만들지 않는다고 말했는데, 저녁에도 특별한 '진수성찬'은 없어요. **기본적으로 밥과 건더기가 많은 된장국, 절임류가 메인이죠.**

그리고는 당근과 우엉으로 우엉조림을 만들거나 시금치나물, 톳, 무말랭이, 호박찜 등을 만들어요. 그 밖에는 채소를 소금누룩에 무치거나, 두부 가게에서 산 두부를 생으로 혹은 물에 살짝 데쳐 양념장에 찍어 먹기도 하죠. 양념에는 집에 있는 차조기, 파, 생강, 양하를 얹기도 해요.

영양밥도 자주 만들어요. 가을이면 밤을 밥에 넣거나 고구마 밥, 버섯 밥을 만듭니다.

'너무 소박한 거 아닌가?'라고 생각하실지 모르지만 매일 '메인 요리'를 준비할 필요는 없다고 생각해요. 햄버그스테이크나 닭튀김, 쇼가야끼(생강과 양념장에 돼지고기를 구워 만든 일본 요리-옮긴이) 등 식탁에 육류가 없으면 안 된다고 생각하는 사람도 있겠죠. 하지만 그렇게 매일 고기를 먹지 않아도 괜찮아요. 지방과 단백질은 계란과 두부 등의

콩 제품으로도 섭취할 수 있으니까요.

남편도 처음에는 '메인 요리'가 없는 식탁에 불만이 있었어요. 하지만 지금 같은 식생활을 한 후 건강검진 상의 수치가 매년 조금씩 좋아졌어요. 콜레스테롤과 중성지방 수치가 눈에 띄게 내려간 거죠. 그래서 남편도 지금의 식생활을 받아들이고 불평하지 않게 되었어요.

제가 또 하나 지키려고 노력하는 것은 '산지 소비'예요. **그 땅에서 난 것을 먹는 것이 가장 자연스럽기 때문이지요.** 옛날 사람들은 지금처럼 매일 육류나 생선을 먹지 못했지만 건강하게 살았어요. 그러나 지금은 육류와 생선을 대량 수입해 매일 식탁에 오르게 되었죠. 바다 건너에서까지 먹이를 구하는 생물은 인간밖에 없어요. 다른 동물은 자기가 이동할 수 있는 범위 안에서 구한 것을 먹지요. 인간과 다른 동물을 비교하는 것이 극단적이라 할 수도 있지만 산지 소비가 환경을 위해서도 건강을 위해서도 죄신이 아닐까요?

기분을
들뜨게 만드는
식사는
혈압을 높이는 식사.
차분한
식사를 통해
노후까지
즐겁게 식사합시다.

기분을 들뜨게 만드는 식사를 하면 혈압도 올라갑니다. 햄버그스테이크, 스테이크, 닭튀김, 불고기……. 이런 메뉴를 좋아하는 사람도 많겠지만 이런 것들만 계속 먹으면 혈압도 높아지죠.

기분을 들뜨게 하는 음식은 가끔씩만 먹는 게 좋아요. 생일 같은 특별한 날에만 이런 메뉴를 만들면 남편과 아이도 무척 기뻐합니다. 평소에도 늘 좋아하는 것만 먹는다면 그렇게 흥분할 일도 없겠죠? 그렇게 식탁 앞에서 시큰둥하게 될 때쯤이면 혈압은 분명 높아져 있을 거예요.

좋아하는 것만 계속 먹다보면 영양의 균형도 무너지고 말아요. 음식이란 원래 필요한 영양을 섭취하려고 먹는 거잖아요. 그런데 언제부턴가 좋아하는 것을 마음대로 먹을 수 있게 되면서부터 '주식에 고기반찬이 나오는 게 예사'라는 생각이 자리 잡게 되었죠.

그렇다고 해서 고기를 전혀 안 먹는 것도 좋지 않아요. 저도 부모님 댁에서 독립해 혼자 살기 시작하면서 잠시 동안 철저하게 현미식과 채식을 하던 시기가 있었어요. 여러 분야의 책을 읽고 공부하면서 봄에 좋은 것을 실천했는데도 불구하고 임신 중에 체중이 늘지 않고 빈혈이 생기더군요. 조산원에서 "현미가 체질적으로 맞지 않는 게 아닐까요?"라는 말을 듣고 현미를 도정해서 먹고 가끔 생선이나 육류도 먹었더니 이런 증상들은 나아졌어요. 그 후로는 특별한 날이나 친구를 만날 때는 가끔 즐거움과 마음의 영양도 중요하다는 생각으로 편하게 음식을 즐기게 되었어요.

다만 편리가 지나치면 오히려 불편해지는 것처럼, 맛있는 것이나 좋아하는 것만 계속 먹는다면 어느 날 갑자기 병에 걸리거나 좋아하는 것을 완전히 못 먹게 되는 날이 올지도 몰라요. 라면을 좋아하는 사람이 매일 라면만 먹다보면 어느 날 갑자기 염분 제한 때문에 라면을 아예 못 먹게 되는 날이 올 수도 있어요. 뭐든 지나친 것은 좋지 않은 법이죠.

무슨 일이든 균형이 중요해요. 오랫동안 건강하고 맛있는 것을 먹을 수 있도록 기분을 들뜨게 만드는 식사는 적당히 하기로 해요.

15 텃밭 가꿔 자급자족 유기농라이프

텃밭은
도시에서도
만들 수 있어요.
관엽식물을
기르듯
먹을 수 있는 것도
길러보세요.

먹을 것을 직접 기르면 절약도 되고 무엇보다 재미있어요. 도시 생활자라도 베란다를 이용해 텃밭을 만들 수 있답니다.

초보자에게 가장 추천하는 것은 '새싹재배'예요. 새싹재배란 식물의 싹을 키우는 건데, 콩나물이나 무순을 많이 키웁니다. 집 안에서도 간단하게 재배할 수 있죠. 유리컵이나 재활용 플라스틱 용기만 있으면 되고 흙도 필요 없어요. 씨앗과 물만 있으면 2주 후 수확할 수 있어요.

샐러드에 넣는 어린잎 채소나 차조기, 파 등은 화분에 재배할 수 있어요. 딸기도 화분에서 간단히 키울 수 있죠. 잘 키우면 한 번 심어 몇 년씩 따 먹을 수 있어요.

직접 키우는 게 힘들지 않을까 생각할 수도 있지만 그렇지 않아요. 밖에 내다 놓으면 비가 내리니 따로 물을 줄 필요도 없고, 한동안 비가 오지 않으면 '흙이 말라 있을 때만 주는 정도'로 관리하면 돼요. 야채도 너무 자주 손대면 오히려 시들어버리니 적당히 관리하는 게 좋아요.

가정 원예의 기본

밭이나 정원이 없어도 화분 등의 용기를 이용해
누구나 손쉽게 재배할 수 있습니다.

〈용기〉

스티로폼 상자

종이나
플라스틱 용기

유리나 도기로 된
식기류

화분이나 식물 재배용기가 없어도
스티로폼 상자, 빈 상자,
식품을 넣었던 용기 등 집에 있는 것을
이용해 재배할 수 있습니다.

가정 원예와 동시에 음식물 쓰레기
퇴비를 만들면 비료도 직접 만들 수
있어요. 음식물 쓰레기 퇴비는 밭이나
정원이 없어도 골판지나 스티로폼
상자를 활용해 만들 수 있어요.

〈키우기 쉬운 것〉

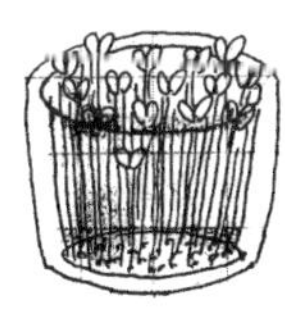

새싹채소

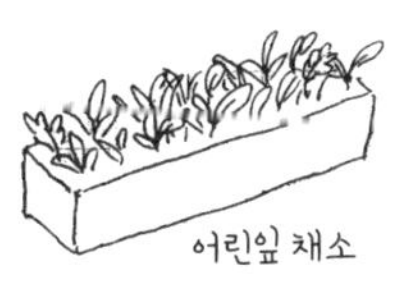

어린잎 채소

딸기

오골계와
메추라기를 키우면
거의 매일
신선한 계란을
먹을 수 있습니다.
이것이야말로
최고의 사치죠.

우리 집에서는 오골계와 메추라기를 키우고 있습니다. 관리하기 힘들지 않을까 생각하겠지만 사실은 별로 힘들지 않아요.

아파트는 금지된 곳도 있겠지만 오골계는 마당이나 실내에서도 한 평 정도의 걸을 수 있는 공간만 있으면 키울 수 있어요. 메추라기는 새장에서도 기를 수 있죠.

울음소리가 신경 쓰이지 않냐는 분도 있는데, 새벽에 큰 소리로 우는 것은 수탉이에요. 암탉은 보통 그렇게 큰 소리로 울지 않는답니다. 우리 집도 주택가에 있기 때문에 이웃에게 피해가 가지 않도록 암탉만 키우고 있어요.

먹이만 해도 고양이나 개보다 돈과 수고가 덜 들어요. 기본적으로 아무거나 잘 먹죠. 현미만 돈 주고 사고 나머지는 잡초나, 조리하다 나온 야채 부스러기, 양배추 잎, 당근 꼭지 등 무엇이든 줘도 돼요. 고양이나 개처럼 애완용 사료를 사 먹일 필요가 없어요. 산책도 시킬 필요가 없으니 힘들 일이 거의 없죠.

그런 오골계를 대체 어디서 구하냐고요? 저는 축산 시험상에 병아리를 신청해서 샀어요. 한 마리에 500엔을 주고 구입했는데, 농협이나 양계장 등에서도 구할 수 있어요. 오골계는 일반 닭보다 몸집이 작고 성격도 얌전해서 일반 가정에서도 비교적 기르기 쉽답니다.

실내에서만 키운다면 메추라기도 추천합니다. 새장에서 기를 수 있어요. 아래에 '왕겨'를 깔아 놓으면 거기에 똥이 섞여 건조되므로 냄새도 거의 안 나요. 텃밭을 가꾸고 있다면 똥은 비료가 되므로 흙에 섞어 두면 자연히 분해되어 없어져요.

오골계는 젊을 때는 대체로 이틀에 한 번 정도 알을 낳아요. 나이가 들면 사흘에 한 번, 나흘에 한 번으로 점점 간격이 넓어지죠. 우리 집은 현재 두 마리를 키우고 있는데 계란을 사지 않아도 신선한 계란을 먹을 수 있어요. 엄청난 호사를 누리는 거죠.

오골계

〈특징〉

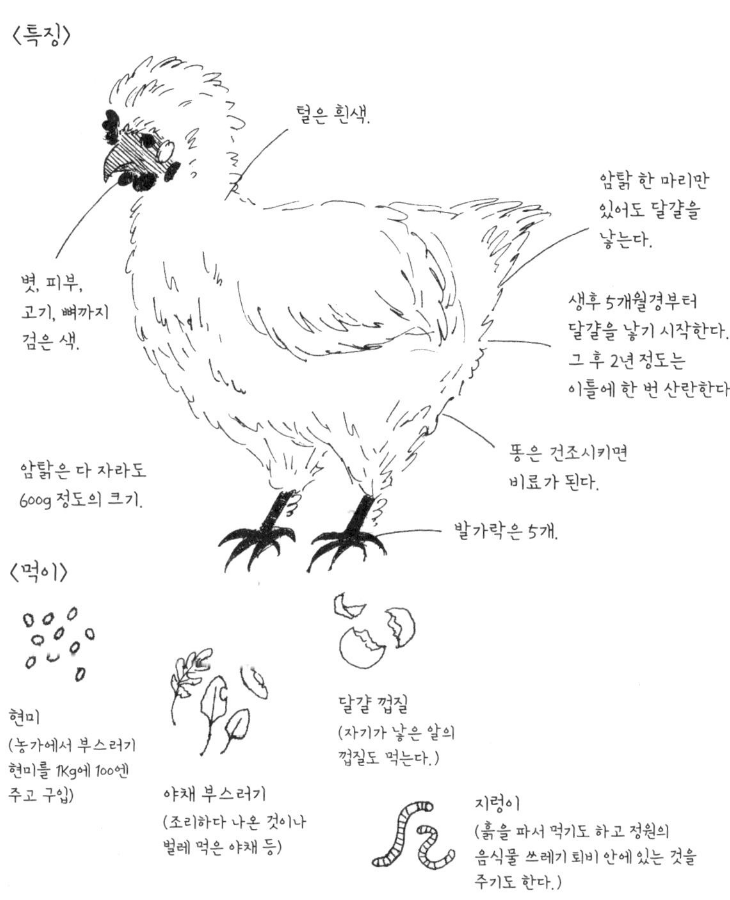

〈먹이〉

현미
(농가에서 부스러기
현미를 1Kg에 100엔
주고 구입)

야채 부스러기
(조리하다 나온 것이나
벌레 먹은 야채 등)

달걀 껍질
(자기가 낳은 알의
껍질도 먹는다.)

지렁이
(흙을 파서 먹기도 하고 정원의
음식물 쓰레기 퇴비 안에 있는 것을
주기도 한다.)

입에
들어가는 거니까
얼굴 아는
판매자에게
사고 싶어요.

식재료는 근처 상점이나 직매장에서 사는 경우가 많아요. 입에 들어가는 것이니까 가능하면 판매자의 얼굴을 볼 수 있는 가게에서 물건을 사고 싶거든요. 쌀은 근처에 생산하는 곳이 적기 때문에 정해 놓은 농가에 주문하지만, 두부는 두부 가게, 고기는 정육점 등과 같이 대부분의 식재료는 동네 가게 상점에서 산답니다.

아는 사람이 만들고 판다는 것이 안심되기도 하고 기분도 좋아요. 슈퍼의 특판 세일이나 대량 구매, 인터넷 쇼핑몰을 이용하면 싸게 살 수는 있겠지만 누가 어떻게 어떤 마음으로 그것을 만들고 파는지 알 수 없잖아요.

얼굴을 보며 물건을 사면 유대감도 생기죠. **단골 가게가 생기고 이런저런 이야기도 나누게 되면 단순한 물건과 돈의 교환이 아니라 사람과 사람의 교류가 되고, 마음까지 나눌 수 있어 장보기 자체를 기쁜 마음으로 할 수 있게 된답니다.**

가격이 아닌 나른 것에도 관심을 가지고 보면 장보는 즐거움이 생길 거예요.

18 제철 식재료 먹기

식사는
삶의 기본.
제철 음식을
감사히 먹는 것이
지구에게도
우리에게도
최선입니다.

'먹는다'는 것은 삶의 기본이지요. **당연한 얘기지만, 우리 몸은 지금까지 먹은 것으로 이루어져 있고 또한 앞으로 먹는 것에 의해 만들어집니다.** 저는 먹는 것이나 음식에 대한 자세가 그 사람의 삶을 상징한다고 생각해요. 그래서 식사는 소박하고 심플하게 하고 싶어요.

식사는 가끔 엔터테인먼트일 때도 있죠. 때로는 즐기기 위한 식사를 해도 좋아요. 하지만 평소의 식사는 자연적인 것, 안심할 수 있는 것을 먹고 싶어요.

가능하면 자기가 살고 있는 집 근처에서 생산된 것, 가능한 한 누가 만든 것인지 알 수 있는 식재료를 가지고 요리하는 것이 제일 간단하고 안심할 수 있어요. 음식은 삶의 기반이기에 더욱 단순하고 소박한 것이 최고라고 생각해요.

제가 특히 신경 쓰는 것은 제철 식재료를 사는 거예요. 일 년 내내 온갖 야채를 먹을 수 있다는 건 편리하지만 '가을이 왔구나', '겨울이 왔네'라는 감동은 줄어드는 것 같아요. 옛날에는 '가을이니까 꽁치를 먹는다'는 게 매우 중요한 이벤트였지요. 그 계절에만 먹을 수 있는 것을 감사히 먹는 것이야말로 대단한 호사죠.

제철 재료는 맛도 좋고 값도 싸고 무엇보다 영양가도 가장 높아요. 제철에 나는 것이 아니면 그만큼 설비비와 연료비를 들여 키워야 하고 쓸데없는 비료나 농약도 필요할 수 있어요. 인공적이지 않고 자연스럽게 그 계절에 나는 것을 먹는 것이 지구에게도 우리 몸에도 옳은 일이 아닌가 싶어요.

자연은 위대한 것이어서 제철의 것을 먹으면 그 계절에 필요한 영양을 섭취할 수 있게 만들어져 있어요. 겨울이 제철인 식재료는 몸을 따뜻하게 하는 것이 많고 여름이 제철인 식재료는 몸을 차갑게 만드는 것이 많죠.

제철 음식을 먹으면 더위나 추위에도 강해져요. 제철 음식은 건강 면에서도 경제적으로도 최고예요.

우리 집 계절 달력

봄

누카즈케 다시 시작(~가을까지)
여름 채소 파종
머위 조림
쑥 경단, 쑥차
죽순 밥, 죽순 조림

여름

장지문 떼기
발 치기
녹색식물로 커튼 만들기
햇볕에 미지근해진 물 활용
삼백초 차
매실 장아찌, 매실 주스, 매실주
락교 초절임
붉은 차조기 주스
허브 티
오이 피클
햇생강 초절임, 붉은 생강 초절임(베니쇼가), 진저에일

가을

장지문 달기
장지문에 종이 바르기
수세미로 주방 수세미와 화장수 만들기
겨울 채소 씨 종
낙엽 퇴비 만들기
뜨개질
곶감
고구마 말랭이, 고구마 경단
밤 밥
말린 표고버섯
양하 초절임

겨울

누카즈케 중지
단무지, 무말랭이
백김치
된장 만들기
곤약 만들기
폰즈, 유자 맥주, 유자씨 화장수
술지게미 감주, 술지게미 효모 빵 만들기
설 음식 만들기
목탄 준비(호리 코다츠, 화로)
대청소
연하장 만들기

나의 요리법은
굽고 삶고
찌고 무치기.
재료 본연의
맛을 느낄 수 있는
조리법이
최고입니다.

저는 식사에서도 '꾸미는' 것을 별로 좋아하지 않습니다.

구하기 힘든 재료나 조미료는 거의 사용하지 않죠. 색다른 서양 야채를 사고 고수나 새로운 조미료를 사야 하는 요리는 하지 않아요. 그런 것에는 관심이 없거든요. 그보다는 옛날부터 먹던 식재료와 조미료, 조리법으로 무엇을 만들 수 있을지 생각합니다. 요리란 궁극적으로는 재료를 먹을 수 있는 상태로 가공할 수 있으면 된다고 생각해요. 그것이 재료가 가장 살아있는 상태이기도 하고요. 저는 가능하면 재료를 살리는 방법으로 조리하죠.

조리 방법은 굽기(볶기), 끓이기(삶기), 찌기, 버무리기 정도예요. 조미료는 소금, 간장, 된장, 술, 설탕, 식초 등입니다. 정성들여 요리 하려 들면 끝이 없어요. 요리가 취미라면 몰라도 그렇지 않다면 너무 열심히 하지 않아도 괜찮아요.

제철에 난 식재료, 한정된 조미료, 몇 가지 패턴의 조리법. 저는 그 한정된 것들로 무엇을 만들 수 있을지 생각하는 것이 재미있어요. '피망을 많이 얻었는데 뭘 만들까?', '있는 것으로 무엇을 만들 수 있을까?'라고 말이죠.

20 집에 있는 재료로 요리하기

먹고 싶은
재료를
사는 게 아니라
지금 있는
재료로
만들어요.

먹고 싶은 메뉴를 먼저 결정한 후 그것에 맞춰 장을 보는 분들도 많을 거예요. 하지만 우리 집에서는 그런 식으로 장을 보지 않아요. 그라탱을 먹고 싶으니까 버터와 우유와 치즈를 사는 일은 없어요. 지금 있는 것으로 무엇을 할 수 있는지, 가지고 있는 제철 재료를 어떻게 활용할지 생각하죠.

'지금 있는 것으로 뭐든 한다'는 생각은 제 삶의 기본적인 사고방식이에요. 옷이나 전자제품에 대한 생각도 그렇지만, 현 상황에서 무엇을 더 보태 어떻게 할까가 아니라 이 안에서 어떻게 할까를 생각하는 거죠.

'새것을 받아들이지 않으면 발상이 빈약해지지 않을까?'라고 생각할 수도 있어요. '새로운 레시피도 개발할 수가 없을 텐데?'라고 말이죠. 하지만 역설적이게도 오히려 물건이 없을 때 새로운 물건이 창조되고 창조적인 발상이 생기는 것 같아요. 제한이 있기 때문에 여러 가지 발상이 생기는 거죠.

'눈앞에 있는 것을 어떻게 활용할까?'라는 생각이 상상력과 창조력을 길러준답니다. 여담이지만, 학창시절에 시험기간만 되면 여행을 가고 싶거나 놀러가고 싶은 마음이 생기잖아요. 그렇지만 시험이 끝났다고 해서 딱히 뭘 하지는 않아요. 이게 바로 제한된 상황 때문에 이것저것 생각하거나 상상하게 되는 경우가 아닐까 싶어요.

제가 첫 번째 책을 썼던 시기는 아이가 어려서 육아 중심의 생활을 하던 때였어요. 저만의 시간은 아주 조금밖에 없었죠. 그랬기 때문에 짧은 시간도 허비하지 않고 더욱 잘 사용했던 것 같아요. 자투리 시간을 잘 활용해 책을 썼으니까요.

지금은 아이가 유치원에 다니기 때문에 자유롭게 쓸 수 있는 시간이 조금 늘었지만 일하는 속도는 그때와 별로 달라지지 않았어요. 몸을 망칠 정도로 무리하는 것은 좋지 않지만 다소 불편하고 제한이 있어야 집중력과 아이디어가 더 잘 생기는 것 같아요.

제한하고 가능성을 좁히면 스트레스가 줄어들고 판단이 빨라진다는 장점도 있어요. **매사에 결정을 잘 못하거나 인생을 방황하는 것은 선택지가 너무 많기 때문일 수도 있어요.**

제가 책을 쓰기로 마음먹은 것도 아이가 어려서 자유롭게 외출할 수 없었기 때문에 '집에서 할 수 있는 일이 무엇일까?'를 생각하다가 시작한 거예요. 책 쓰기라면 할 수 있겠다고 생각한 거죠. 만약 무엇이든 자유롭게 할 수 있는 상황이었다면 책을 쓸 생각은 하지 않았을

지도 모릅니다.

옛날 사람들은 정해진 것들 속에서 어떻게 살 것인지를 생각했어요. 구할 수 있는 음식도 한정되어 있었고, 연애나 결혼도 대부분의 경우 가까이 있는 사람과 했지요. 지금은 가능성이 커진 만큼 결정하기가 어려워진 것 같아요.

가능성을 넓히는 것도 좋지만 막다른 길을 만났을 때 한정된 조건 속에서 어떻게 할 것인지를 생각해보는 것도 좋지 않을까요?

3장

옷 세 벌로 심플하고 멋지게
코디하기

옷은 정말
마음에 드는
것만 남겨요.
스카프나
목도리 같은
소품으로도
멋을 낼 수 있어요.

새 옷을 거의 사지 않지만 옷을 살 때 포인트는 '소재'와 '착용감'이에요.
그리고 유행보다는 제 마음에 드는 것을 골라요. 원래 멋내는 데는 소질이 없기 때문에 개성적인 것보다는 어떤 옷에도 어울리는 심플하고 코디하기 좋은 것을 고르게 된답니다.

소재는 면이나 마 같은 자연 소재로 된 것이나, 되도록 쓰레기가 되지 않는 것, 환경을 배려한 것을 선택해요. 셔츠 하나만 해도 다양한 종류가 있지만 이왕이면 친환경적인 옷을 고르려고 하지요.

그리고 어차피 살 바에는 싼 것보다 다소 비싸더라도 오래 입을 수 있는 것을 골라요. 몇 벌 안 되지만 마음에 드는 옷을 코디해 입는 것이 싼 옷을 많이 갖고 있는 것보다 경제적이지 않을까요?

저희 할머니도 거의 옷을 사지 않는 분이에요. 겨울이면 항상 손수 뜬 스웨터를 입고 계시죠. 하지만 왠지 멋있어 보여요. 항상 같은 스웨터를 입고 있는데도 멋있어 보이는 건 목도리나 스카프 같은 소품을 잘 이용하기 때문이에요.

같은 옷이어도 여러 장의 스카프나 목도리로 다양하게 연출하죠. 학생 때 농활갔던 농가의 할머니도 항상 작업복 차림이었지만 머리에 스카프를 쓴 멋쟁이셨지요.

옷은 소재가 좋고 코디하기 좋은 것을 고르고 소품으로 멋을 내보세요.

지출도 줄고 관리하는 수고도 적어진답니다.

세계적으로 볼 때 일본인들은 옷에 지나치게 신경을 쓰는 것 같아요. 물론 멋쟁이들도 많지요. 그것은 좋은 면이기도 하지만 매일 어떻게 코디해 입을까 고민하거나 스트레스를 받는 사람도 있지 않을까요?

세상에는 일상적으로 민족의상을 입고 모두가 매일 정해진 옷을 입는 사람들도 있어요. 동네 어르신들도 어릴 때는 어머니가 만들어 준 옷 두 벌로 돌려 입었다고 하더군요. 정말로 마음에 드는 옷이라면 많은 옷이 필요치 않아요. 저는 한 계절에 세 패턴 정도의 옷을 입어요. 그것으로 충분히 돌려 입을 수 있어요.

모자와 머플러로 멋 내기.

먼저
옷장의 크기를
정하세요.
거기에 들어가는
만큼만 사면
옷은
늘지 않아요.

집에 옷이 넘쳐나서 힘들거나 치우고 싶은데 옷을 못 버리는 분도 많을 거예요.

우리 집에는 4단 서랍이 달린 등나무 옷장이 하나 있는데 저는 거기에 들어가는 만큼의 옷만 가지고 있어요. 옷을 못 입게 되거나 해지면 그때 새로 삽니다. 그 이상은 늘리지 않아요.

옷이 많아 옷장에 다 안 들어가면 수납용품을 또 사게 됩니다. 그러면 옷이 점점 더 많아지고 방은 더 좁아져요. 옷이 너무 많아지면 더 이상 통제가 안 되고 코디하기도 어려워지죠. 결국 옷장 구석에 있다가 자신의 기억에서마저 사라져갑니다. 모처럼 돈 주고 산 옷인데 기억에서는 사라지고 어디에 있는지조차 모르는 채 공간만 차지하고 있는 거죠. 자신에게도 옷에게도 그건 불행한 일이에요.

스스로 기억할 수 있을 정도의 옷만 가지는 것이 중요해요. 지금 머릿속에 떠올려 볼 수 있는 옷이 몇 가지나 있나요? 지금 떠오른 옷이 바로 당신의 마음에 드는 옷, 좋아하는 옷이에요. 우선 지금 있는 것을 다시 한 번 점검해 보세요.

자기 나름대로의 옷 선택 기준을 명확히 하는 것도 중요합니다. 유행하는 옷만 쫓다가는 끝이 없어요. 자기만의 기준을 가지고 옷을 입는 사람은 세련되고 멋있어 보여요. 심플하고 별로 차려입은 느낌은 아니지만 당당해 보이는 사람은 자기 나름의 철학이나 기준이 확실하기 때문 아닐까요?

입는다는 행위는 더위와 추위를 견딜 수 있으면 그것으로 충분하다고 생각해요. 하지만 지금은 유행을 따르거나 남과 달리 패션감을 드러내야 한다는 의식에 사로잡혀 모두가 조종당하고 있는지도 몰라요. 잔뜩 신경 쓰고 돈을 써가며 멋 내려고 애쓸 게 아니라 자기만의 기준으로 옷을 고르고 자신감을 가져야 앞으로는 멋지다는 소리를 듣게 될 거예요.

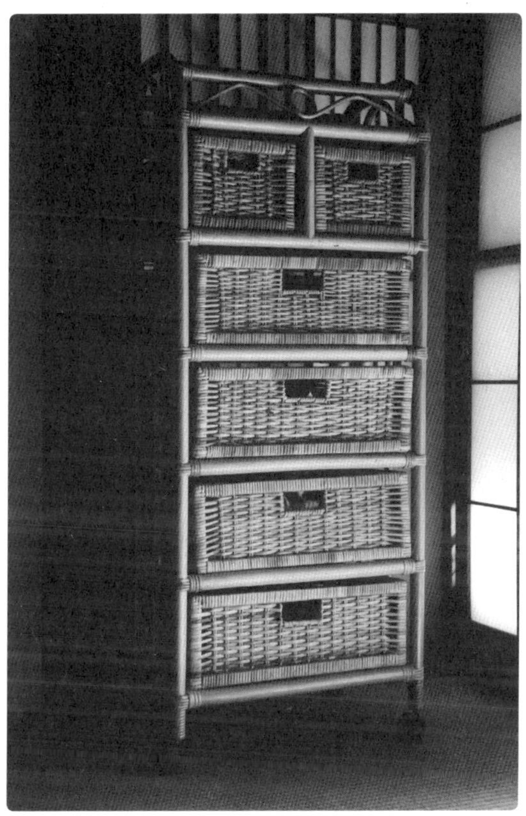

제 옷은 이 수납장에 들어 있는 게 전부.

옷이 조금
타졌다고 바로
버리는 건 아까워요.
수선해서
재사용하는
사치를 누려보세요.

지금은 뭐든 싸게 살 수 있고 인터넷을 이용하면 클릭 몇 번으로 새 물건을 구할 수 있는 시대지요.

조금 문제가 생겼다고, 못 쓰게 되었다고, 낡았다고 자꾸 버리고 새로 사는 것을 풍요라고 말할 수 있을까요? 진정한 풍요라고는 할 수 없을 것 같아요.

좀 더 수선해서 오래도록 입는 것이 좋아요. 물건을 소중히 여겨주세요. 저는 옷이 조금 타져도 가능하면 직접 수선해서 고쳐 입어요. 외출용으로 입기 곤란하면 집에서 입는 옷으로 만들거나 더 이상 못 고칠 때까지 수선해서 입습니다.

더 이상 못 입겠다는 생각이 들면 걸레로 만들거나 천의 자투리로 아이의 머리끈을 만들거나 리폼해서 쓰는 경우도 종종 있어요.

버린다는 건 곧 물건이 죽는 거예요. 하지만 우리가 약간만 손대면 물건이 되살아날 수 있어요. 물건도 오래오래 살았으면 좋겠어요. 주변에 그런 것들이 많은 생활이야말로 풍요로운 삶이 아닐까요?

수선할 때 쓰는 재봉틀.

코디는
한 계절에
3가지 패턴.
선택을 즐길 수 있으면
괜찮지만
스트레스가 된다면
옷을 줄여보세요.

요즘은 옷의 종류와 정보가 너무 많아 옷 입기에도 많은 시간이 걸려요. 그것이 보이지 않는 스트레스로 작용하는 분도 있지 않나요?

매일 아침 "오늘은 뭘 입지?" 고민하거나 "다음에는 이걸 사야지, 저것도 사야지."라는 생각을 늘 하죠. 옷이 늘어나면 이제는 어떻게 수납할까를 고민해야 합니다.

하지만 입는 옷가지가 한정되어 있으면 그것을 생각하는 시간도 스트레스도 줄어듭니다. 시간에 여유가 생기고 다른 일에 힘을 기울일 수 있게 되지요.

유행을 쫓기 시작하면 한도 끝도 없어요. 옷에 대해 생각하는 걸 좋아하는 사람이나 패션 관계 일을 하고 있다면 몰라도 저처럼 멋부리는데 대한 우선순위가 그렇게 높지 않다면 심플하게 입는 게 편합니다. 저는 그렇게 해서 남는 시간과 노력, 돈을 다른 곳에 쓰는 스타일입니다.

저는 한 계절에 세 가지 패턴 정도를 돌려 입어요. 나머지는 날씨에 따라 겹쳐 입기를 하죠. 옷이 적기 때문에 고르느라 망설이거나 아침에 뭘 입을지 고민하는 일이 거의 없어요. 거기 있는 것을 그냥 입으면 되니까요.

옷에 시간을 빼앗기기 싫으면 옷 가짓수를 줄이고 심플하게 옷을 코디해보세요.

　옷은 다분히 심리적인 요소가 강한 물건이지요. 더위와 추위를 막는 본래의 기능보다 최신 유행하는 옷이나 브랜드 옷을 입고 있으면 괜히 활기가 생기는 경우도 있잖아요. **이럴 때는 옷으로 기분 전환을 하는 것도 좋은 일이라고 생각해요. 그러나 매일 자기 기분을 '옷 탓'으로 돌리면 옷을 계속 사게 되겠죠.**

　항상 같은 코디의 옷을 입어도 자기가 좋아하는 옷을 입으면 기분도 좋고 결과적으로 자신의 개성도 드러나지 않을까요?

더위와
추위에 따라
'컬러'를 연구해요.
컬러만 바꿔도
기분까지 달라지니
신기합니다.

더위와 추위에 대비해 고심하는 게 두 가지 있어요. 하나는 '겹쳐 입기'이고 또 하나는 '컬러'예요.

옷은 겹쳐 입을 수 있는 것을 입어요.

여름에는 반팔 셔츠를 입고 가을이 되면 거기에 카디건을 걸쳐 입죠. 겨울이 되면 그 위에 코트를 입는 식이에요. 계절별로 갈아입는 게 아니라 추워지면 그 위에 겹겹이 입는 거죠. 그리고 겨울에는 숄과 목도리를 갖고 다니다가 추울 때 감거나 걸쳐요.

그리고는 컬러를 고민하지요.

옷은 기본적인 컬러 밖에 없지만 그 중에서도 여름에는 옅은 회색과 베이지 같은 연한 색으로, 가능하면 시원해 보이는 색을 고릅니다. 겨울에는 반대로 남색과 검정색이 많죠. 그리고 포인트 컬러로 스카프나 목도리 같은 소품을 이용합니다. 더울 때는 한색 계열로, 추울 때는 난색 계열로 맞추려고 신경 쓰고 있어요. 컬러는 입는 사람과 주변 사람의 기분까지 바꿔주는 효과가 있으니 잘 활용해 보세요.

안 쓰는 물건은
필요로 하는
사람에게 줍니다.
그러면
순환이 일어나
물건이 살아나지요.

아이의 옷은 유치원에서 알게 된 지인이나 이웃에게 물려받습니다. 대개는 친하게 지내는 아이한테서 얻는데 작아지면 다른 아이에게 주는 식입니다.

아이들 옷은 누군가에게 물려받거나 물려주려는 사람이 비교적 많은 것 같은데 어른들 옷도 이런 문화가 부활했으면 좋겠어요.

지금도 나이 많은 어르신 중에는 물건을 소중히 여기는 것이 몸에 밴 분이 많습니다. 제 주변에도 부모님께 물려받은 기모노나 옷을 입는 분, 못 입게 된 옷을 남에게 물려주는 분, 다른 것으로 리폼하는 분이 있어요.

어른들 옷은 누구나 많기 때문에 품질이 낮거나 상태가 나쁜 것은 받아도 애물단지죠. 그러고 보면 역시 품질 좋은 물건을 소중히 사용하면 그만큼 오래 입을 수 있고 순환도 시킬 수 있는 것 같아요.

중고 물건을 사거나 얻는 것에는 '순환'이 작용하지만 새 물건을 버리면 거기서 끝이에요. 순환이 일어나지 않죠. 부디 옷도 되도록이면 '살아 있게' 해주세요.

옷을 줄이면 시간과 돈이 생긴다

옷을 줄이면
좋은 점이
의외로 많아요.
옷을 사거나 고르는데
드는 돈과 시간을
자기가
좋아하는 것에
쓸 수 있어요.

옷장과 벽장에 들어가는 양만큼만 옷을 사라고 앞에서 말씀드렸는데요, 이미 집안이 옷으로 꽉 찬 분도 있을 테죠. 언젠가 입을지도 모른다는 생각에 남겨둔 옷이 의외로 많지 않나요? 그렇다면 이미 가지고 있는 옷은 어떻게 줄이면 좋을까요?

저 같은 경우는 기본적으로 1년 이상 입지 않는 옷은 필요 없다고 판단하고 없앱니다.

그리고 상황에 맞춰 옷의 종류와 양을 조절합니다. 지금은 당분간 육아 중심의 생활을 해야 하고 일도 집에서 하는 경우가 많아서 그 상황에 필요한 옷만 남겼어요. 상황에 맞춰 옷을 줄이는 거죠. 안 입는 옷은 바자회나 헌 옷을 모으는 단체에 기부합니다.

그렇게 줄인 뒤에는 더 이상 늘리지 않는 것이 중요합니다. 서랍 몇 개 분량, 수납장 몇 개 분량으로 정했으면 거기에 들어가는 만큼만 가지고 있어야 해요.

옷은 줄여서 생기는 단점보다 줄여서 얻는 장점이 더 큽니다.

옷을 줄이면 그만큼 방도 깔끔해지고 기분도 좋아집니다. 시간노 생기고 여유도 생기죠. 옷이 줄어들면 고르는 시간이 줄어들고 수납과 손질하는 데 드는 수고도 사라져요. '무소유의 편안함'을 알게 되면 정말로 원하는 것만 사게 됩니다.

엄선해서 남게 된 옷, 즉 마음에 드는 옷만 매일 입기 때문에 사실은 옷이 많을 때보다 기분 좋게 하루하루를 보내게 된답니다.

옷을 사는 돈과 시간, 옷을 보관하는 장소, 옷을 고르는 스트레스와 시간. 옷을 줄여 심플하게 코디하면 그 만큼의 돈과 장소와 시간이 확보됩니다. 이 돈과 장소와 시간을 자기가 좋아하는 것에 투자한다면 생활이 더욱 풍요로워집니다. 옷에서 해방되어 자기가 정말 하고 싶은 일에 인생을 쓰는 건 어떨까요?

4장

오래된 집에서
오래된 물건과 함께하는
느긋한 일상

인생은
생활로
이루어져 있어요.
즐겁게 생활하면
인생은
자연히 즐거워지죠.

의식주와 관련된 '생활'이라고 하면 귀찮고 힘든 이미지를 떠올리는 분도 있을 거예요. 검소한 생활, 아끼는 생활 같은 말을 하면 힘들겠다고 생각할 수도 있습니다. 하지만 생활을 즐기게 되면 인생이 즐거워집니다.

당연한 말이지만, 인생은 생활로 이루어져 있어요. 어떤 사람이든 매일 생활을 하지요. 어차피 해야할 생활이라면 즐겁게 해야 인생이 즐거워지는 것이고요.

옛날에는 인생의 한복판에 '생활'이 있었어요. 하지만 지금은 회사 일의 비중이 커져 '생활은 되도록 생략하고 간단히'라는 생각이 더 큰 것 같아요. 일을 해서 번 돈으로 편리한 도구를 사서 되도록이면 편하게 생활하려고 합니다. 그것도 하나의 선택지가 되겠지만, 의식주라는 생활 자체도 즐긴다면 인생이 더 풍요로워질 거라 생각해요.

제가 왜 이런 생활을 하는지에 대해 앞에서도 썼지만, '이런 생활이 더 즐겁기 때문'이에요. 이런 선택과 이런 삶의 방식도 있다는 것을 알려드리고 싶다고 생각했어요.

물건이 너무 많으면
소중한 것을
놓치기 쉽습니다.
물건이 없어도
재미있고 넉넉하게 살 수 있습니다.
'무소유'의 가치를
생각해보는 건
어떨까요?

세상은 더 편리한 쪽으로, 더 기분 좋은 쪽으로 발전해 왔습니다. 없는 것보다는 있는 것이 좋고 적은 것보다는 많은 것이 좋다는 식입니다. 우리의 생활은 정말 편리해진 것 같아요.

반면에 그것이 지나쳐 '있는' 것을 너무 당연하게 여기고 '무소유'의 가치를 잊고 있다는 생각이 들어요.

저는 대학 때 자연보호 동아리에서 활동했는데, 등산을 하며 쓰레기 줍는 행사가 정기적으로 있었어요. 일주일치 먹을거리를 담은 큰 배낭을 메고 동아리 선배가 지어놓은 무인 오두막으로 가는 거예요. 그곳에는 정말 아무것도 없고 오두막집만 있었어요. 화장실도 재래식이라 마지막에 우리가 뒷처리를 해야 했죠. 물론 전기도 없고 가스도 없었어요. 물은 근처 강에서 길어다가 씻고 요리도 했답니다.

그야말로 '편리'와는 거리가 먼 생활이었습니다. 하지만 그것이 재미있었어요. 처음에는 더럽다거나 무섭다는 생각도 했지만 몇 번 가다보니 익숙해졌어요. 물론 동호회로 뭉친 사람들이니 그런 것을 좋아하는 경향이 있었지만 모두가 즐겁게 지냈습니다. 밤이면 램프 불빛 아래서 누군가가 기타를 치면 다 함께 노래를 부르고 수다를 떨기도 했어요. 그런 것이 신기하게도 재미있었어요.

물건에 둘러싸인 삶이 당연해지면 '무소유'가 더 귀중해지는 역전

현상이 일어나는 것 같아요. 무엇이든 지나치게 많은 지금이야말로 '무소유의 가치'를 새롭게 인식해야 할 때가 아닐까 싶어요.

인간의 시간에는 한계가 있고 몸에도 한계가 있잖아요. 그런데 지금은 정보와 편리한 것이 넘쳐나 주체할 수 없을 정도가 되었어요. **발전만 추구하는 지금의 상태에서 벗어나 '무소유'의 여유를 느꼈으면 좋겠어요.**

지금은 시대의 흐름이 너무 빨라 스트레스를 받는 경우도 많을 거예요. 그래서 평소 생활은 되도록이면 마음 편한 환경에 몸을 맡기고 싶은 거죠. 평소 물건에 둘러싸여 생활하는 분이라면 물건 없는 생활을 꼭 한 번 체험해보세요.

30 전통 가옥에서 살기

일본의 풍토에 맞는
전통 가옥에서 살면
사계절을 느끼며
하루하루를
보낼 수 있어요.

우리 집은 일본 전통 가옥입니다. 일본 가옥의 장점은 집안에 있어도 사계절을 느낄 수 있다는 것이지요. 통풍도 잘 되고, 작은 정원이 있어 경치가 변하는 것도 볼 수 있어요.

여름에는 초록으로 빛나고 가을에는 단풍이 아름다워요. 맹장지와 미닫이문으로 칸막이가 되어 있어 벽처럼 완전히 막혀 있지 않습니다. 겨울이면 맹장지를 달아 추위에 대비하고 여름이면 맹장지를 떼 내 통풍이 잘 되게 하는 등 사계절에 따라 집 전체의 모습도 바뀐답니다. 빛과 바람이 잘 들어오도록 만들어져 있죠.

일본 가옥은 집의 안과 밖에 경계선이 없어요. 툇마루와 바깥이 연결되어 있어 자연스럽게 땅과 맞닿아 있는 느낌이 납니다. 현대 주택은 '안은 안, 밖은 밖'이라는 격리된 공간으로 되어 있기 때문에 그 느낌도 달라요.

요즘 주택은 더 경제적으로, 더 편리하게, 더 효율적으로 '짓는 사람의 논리'에 의해 만들어지는 부분도 많은 것 같아요. 반면에 옛날 일본 가옥은 대부분 한 채 한 채 목수가 생각하고 시간을 들여 지은 집이죠. 일본의 풍토에 맞춰 '사는 사람의 눈높이'에서 만들어졌다는 것을 느낄 수 있어요.

맹장지와 다다미방의 시분한 분위기

곰팡이와
거미줄 투성이였던
낡은 집을
청소와 수리로
되살렸어요.
이 집은
제가 가장
편안해하는 장소예요.

아무리 일본 가옥이 좋다고 해도 새로 지으려면 꽤 많은 돈이 필요합니다. 제 경우에는 오래된 집을 샀어요. 부동산에 문의해 중고 물건이 없는지 찾아다녔습니다.

지금 살고 있는 집은 5년 정도 비어 있었어요. 처음 그 집을 보러 갔을 때는 곰팡이 냄새가 진동을 했고 곳곳에 거미줄이 쳐져있고 바닥도 썩어서 떨어져 나간 곳이 있었어요. 가재도구도 그대로 남아 있었는데 냉장고는 5년 전 그대로 내용물과 함께 있었죠.

저는 이 집을 보자마자 바로 마음에 들었어요. '이 집이다!' 싶더군요. 남편은 "마치 도깨비 집 같아."라고 말했지만요.

집을 산 뒤에는 우리가 직접 청소하고 수리했어요. 직접 할 수 없는 부분은 가까운 목공소에 부탁했죠. 이사까지는 반 년 정도 걸렸지만 돈은 많이 들지 않았어요. **리모델링 비용은 총 200만 엔 정도 들었어요.** 그리고는 땅값만 지불하고 건물은 거저 얻은거나 마찬가지였어요. 사실 너무 낡아서 자산 가치가 없었죠. 새 건물을 올렸다면 땅값에 건축 비용까지 꽤 돈이 들었겠지만 있는 것을 고쳐 쓰면 새로 싯는 깃민큼 돈이 들지 않아요.

오래된 집은 부수고 새로 짓는 경우가 많잖아요. 이 집도 엄청나게 낡은 상태여서 남편도 리모델링은 무리라고 생각했던 것 같아요. 하지만 목공업체에서 고칠 수 있다고 했지요. 청소하고 수리를 했더니 원래 상태를 찾으면서 멋진 집으로 되살아난 거예요. 지금은 제가 가장 편안해하는 장소가 되었답니다.

건물도 부숴버리면 그것으로 끝이지만 아직 쓸 수 있는 것을 고쳐 사용하면 그만큼 건물의 수명도 길어지고 쓰레기도 적게 나오고 에너지도 절약됩니다. 정성을 들여 지은 건물은 시간이 흐르면 운치가 생겨 더 멋있어져요. 혹시 집을 산다면 구옥 물건을 리모델링하는 방법도 고려해 보세요.

우리 집은 오래된 일본 가옥.

새로운 것은
지금부터
만들면 되지만
오래된 것은
지금 당장
만들 수 없어요.
그러니
오래된 것을
소중히
여겨야 합니다.

앞으로는 특히 오래된 것에 대한 가치가 올라가는 시대가 될 거라 생각해요.

새로 지을 경우, 요즘 같으면 짧은 기간에 단독주택을 올릴 수 있습니다. 하지만 '오래된 집'은 단기간에 지을 수 있는 게 아니죠. 당연한 얘기겠지만요.

제가 사는 집은 건축된 지 60년 된 집이에요. **그래서 60년만큼의 가치가 있는 거죠.** 똑같은 것을 만들려면 적어도 60년은 걸리니까요.

오래된 것에는 그 시간만큼 남아온 역사가 간직되어 있는 법입니다. 집뿐 아니라 오래된 모든 것에는 그만한 가치가 있어요. 낡았다는 이유만으로 부수거나 버리는 건 아까워요.

집을 고쳐 준 목공소 분은 옛것을 소중히 여기는 분이었어요. "지금 똑같은 재료로 똑같은 집을 지으려면 기술도 돈도 엄청 많이 들었을 거예요. 집을 잘 샀네요."라고 말씀해주셨어요.

옛날 일본 가옥은 그 고장이 풍토에 맞춰 제대로 만들어졌고 건축 재료도 대부분 국산 목재나 자연 소재를 사용했어요. 모르는 사람이 보면 그냥 오래된 집이지만 사실은 그만큼 값진 것이랍니다.

친환경적이면서
무선이고
소음도 전혀 없는데다
기능까지 탁월한
청소기를 알고 계십니까?
그게 바로
'빗자루'예요.

　우리 집에는 청소기가 없습니다. 혼자 살 때 부모님 댁에 있는 빗자루를 가져온 후로 줄곧 그것만 쓰고 있어요.

　빗자루. 새삼스러울 것도 없는 이야기겠지만 이건 정말이지 편리한 도구랍니다. 구석진 곳, 좁은 틈새 등 장소를 가리지 않으며, 작은 방에 두어도 자리를 차지하거나 걸리적거리지 않습니다. 청소기처럼 큰 소리도 내지 않으니 밤에도 사용할 수 있어요. 언제든 원할 때 사용할 수 있지요. 콘센트 위치도 신경 쓸 필요가 없어요. 물론 무선이죠. 우리가 옛날부터 사용하던 빗자루의 장점을 여러분도 이번 기회에 되돌아볼 수 있으면 좋겠어요.

　아이가 어릴 때는 자유롭게 외출도 운동도 할 수 없어서 운동 대신 청소를 했어요. 빗자루와 걸레질은 전신을 많이 움직여야하기 때문에 일석이조예요. **청소는 청소기에 맡기고 헬스장에 다니는 것보다는 청소를 운동처럼 하면 돈도 들지 않고 좋잖아요.**

　육아에도 빗자루가 좋아요. 청소기로는 아이와 함께 청소하기 어렵지만 빗자루는 함께 할 수 있어요. 전기도 쓰지 않고 공기가 밖으로 빠져나오지도 않으니 몸에도 좋습니다. 어느 날 친구가 "아이가 잠들어 있을 때 청소기를 돌리고 싶은데 소리가 커서 아이가 깰까봐 힘들어."라고 말하더군요. 그런데 빗자루를 쓰면 아이가 깨어 있을 때 함께 청소할 수 있고 사용법도 가르칠 수 있어요.

　요즘은 기술이 발달해서 자동으로 청소해주는 고성능 청소기도 있고, 세제도 온갖 종류의 제품이 나와 있어요. **걸레를 대신하는 일회용 제품도 많은데, 이렇게 도구가 자꾸 늘어나 오히려 집이 어지러워진다면 주객이 전도되는 것 아닐까요?** 우리 집 청소는 주로 빗자루와 걸레만 있으면 돼요. 평상시의 청소는 물걸레질을 하면 더러움이 없어지므로 세제도 사용하지 않아요.

　지금까지 집 청소를 할 때 빗자루를 사용해본 적이 없는 분은 우선 청소기와 함께 사용해보는 건 어떨까요? 집에 하나 있으면 편리하답니다.

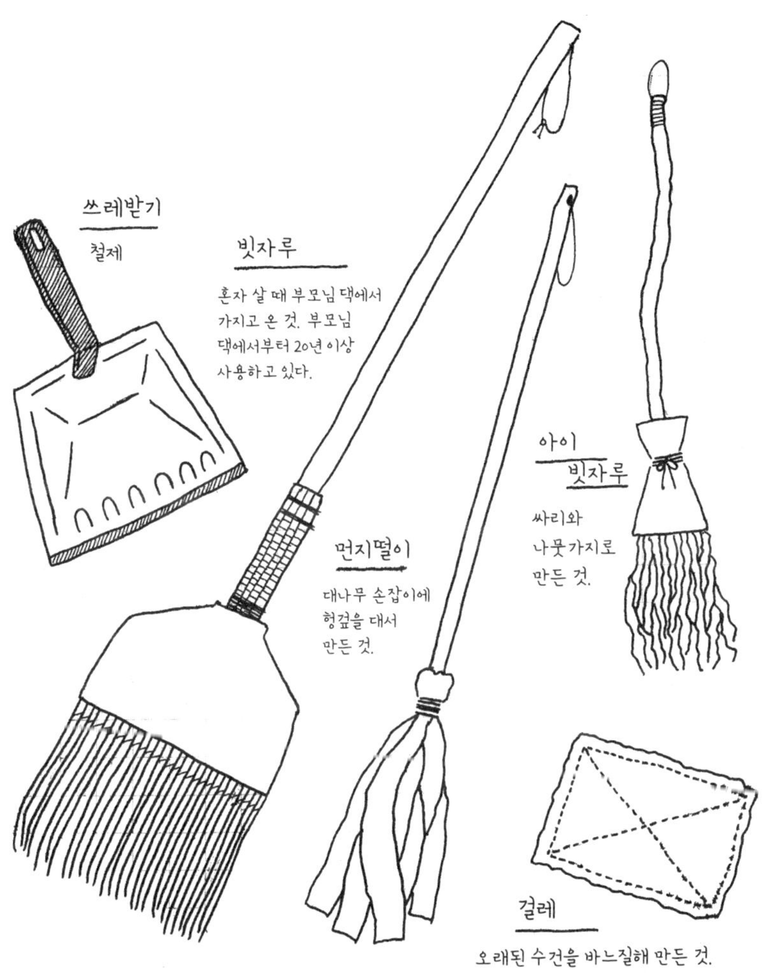
쓰레받기
철제

빗자루
혼자 살 때 부모님 댁에서
가지고 온 것. 부모님
댁에서부터 20년 이상
사용하고 있다.

먼지떨이
대나무 손잡이에
헝겊을 대서
만든 것.

아이
빗자루
싸리와
나뭇가지로
만든 것.

걸레
오래된 수건을 바느질해 만든 것.

우리 집의
하루 쓰레기는
한 주먹
분량.
청소와 정리의
가장 좋은 비결은
최대한
쓰레기를
만들지 않는 거예요.

청소와 정리가 왜 필요할까요? 그건 쓰레기가 나오기 때문이에요. **그러므로 청소와 정리를 가장 잘 하는 비결은 '최대한 쓰레기를 만들지 않는 것'이죠.**

우선 우리 집에서는 음식물 쓰레기가 거의 나오지 않아요. 오골계 먹이로 주거나 정원 흙에 묻어 퇴비로 만들기 때문이에요.

또한 쓰레기를 만들지 않기 위해 슈퍼가 아닌 동네 가게에서 장을 봅니다. 개인 상점은 포장이 적기 때문이에요. 두부는 가게갈 때 용기를 들고 가서 거기에 담아 온답니다. 근처 정육점에서는 스티로폼 접시가 아니라 종이에 싸주기 때문에 쓰레기도 줄어들지요.

근처의 간장 가게나 생협의 경우 재활용 병을 씻어서 재사용하기 때문에 그것을 삽니다. 장보는 방법을 조금만 신경 쓰면 쓰레기를 훨씬 줄일 수 있어요.

일반 가정에서 나오는 쓰레기 중에는 비닐이나 플라스틱, 스티로폼 접시 등 포장용기가 많아요. 예컨대 무를 살 때도 잘라서 개별 포장된 것보다는 통째로 하나를 사는 게 어떨까요? 남은 것은 저장식품으로 보관하면 되니까요.

하루치 쓰레기의 양은 이 정도.

4인 가족의 공과금은 5천 엔

4인 가족의
전기요금, 수도요금, 가스요금이
모두 합쳐
5000엔.
이렇게도
살 수 있어요.

냉장고를 쓰지 않게 된 후 전기세는 매월 500엔 전후로 냅니다. 4인 가족이 한 달에 500엔 정도인 거지요.

전기요금은 기본요금이 가장 싼 것으로 계약했기 때문에 전기를 전혀 쓰지 않을 경우 273엔만 내면 됩니다. 그러니까 실질적으로 250엔어치 정도의 전기를 쓰고 있는 셈입니다.

수도요금은 두 달에 2,814엔이에요. 10㎥까지는 기본료만 내면 되는데 최근 1년간은 계속 그 범위 내에서 쓰고 있어요.

비결을 알려드리자면, 변기의 물은 빗물을 모아 사용하고 세탁은 손빨래를 하니까 물이 훨씬 적게 들어요. 목욕물의 양도 몸이 잠길 정도로만 받고 더럽지 않으면 2번 정도는 같은 물을 쓰고 있어요. 남은 물은 세탁과 변기 물로 사용하니 버리는 게 없어요. 빨래와 세수, 머리 감기, 양치를 할 때도 물을 받아서 쓰기 때문에 적은 양을 사용하게 된답니다. 물을 틀어 놓고 쓰지 않는 게 비결이에요.

가스는 도시가스가 아니라 프로판 가스를 사용하기 때문에 단가가 조금 비싸지만 여름에는 한 달에 3,000엔대, 겨울에는 4,000엔대 정도예요. 매일 요리하고 목욕물도 데우지만, 설거지는 찬물로 하고 세수도 남은 목욕물을 사용해요. 요리도 수건으로 싸서 보온 조리를 하기 때문에 불 쓰는 시간이 줄어들어 그 정도로 절약할 수 있는 것 같아요.

그 밖에 전화요금과 신문 대금 등이 있지만, 수도광열비는 4인 가족이 5,000엔 정도로 살고 있답니다.

가계부를 쓰지 않거나 지출 파악을 잘하지 못하는 분도 있겠지만 현실을 파악하기 위해서라도 전기요금, 가스요금, 수도요금으로 어느 정도의 비용을 지불하는지 한번 살펴보세요. **자신이 어느 정도의 에너지를 사용하는지, 공과금으로 얼마를 지출하는지.**

사는 지역이나 가족 구성에 따라 다르겠지만 저처럼 사는 사람도 있다는 걸 알게 되면 앞으로의 생활이 조금은 바뀌지 않을까요?

5장

얼굴을 맞대며
친밀감을 키우는
인간관계

휴대전화는
장점보다 단점이
더 크다고 생각해요.
급한
연락 수단은
'아날로그'로.

저는 현재 휴대전화가 없습니다.

동일본 대지진 이전까지는 만약의 사태를 대비해 가지고 있었는데 정작 지진 때는 전화 연결이 전혀 되지 않더군요. 그래서 필요 없다는 것을 깨닫고 없애버렸습니다.

지진 때 느낀 것은 '역시 믿을 건 아날로그적인 수단' 밖에 없다는 것이었어요. 전화만 믿고 재해 시 가족 간의 연락방법도 전혀 논의하지 않은 상태였는데 정말 난감했었죠. 편리한 것에 너무 의존하는 것이 좋지 않다는 걸 그 때 다시 실감했어요.

제대로 된 안전 네트워크를 만들려면 아날로그적인 수단을 만들어 두어야 해요. 지금은 무슨 일이 생겼을 때 만날 장소와 몇 가지 연락 수단을 정해 두었어요.

지진 이후 저는 휴대폰을 없앴지만 특별히 불편을 느낀 적은 없어요. 어쩌면 주변 사람들이 불편하다고 여길지는 모르지만 저는 휴대폰이 없는 단점보다는 장점이 더 크다고 생각해요.

휴대전화가 어디서든 연락이 된다는 게 편리하긴 하지요. **하지만 반대로 말하자면 일하고 있을 때나 사람과 만나고 있을 때도 연락이 온다는 거잖아요.** 휴대폰 전화가 오면 꼭 받아야 한다는 부담도 있어요. 애초에 갖고 있지 않으면 '핸드폰이 없으니 어쩔 수 없지'라고 상대가 생각하게 됩니다. 비즈니스맨이라면 실천하기 어려울지도 모르지만 저처럼 평소 집에 있는 시간이 많은 사람이라면 가능하다고 생각해요.

냉정히 생각해보면 24시간 어디에 있든 연락을 해야만 하는 상황이라는 게 얼마나 될까요? 경찰관이나 소방관이라면 한밤중이라도 연락할 일이 있을 수 있지만 일반 회사원의 경우라면 자는 동안만큼은 휴대전화의 전원을 꺼보는 것도 좋지 않을까 생각해요. 저처럼 휴대전화를 없애는 것은 극단적인 방법일 수 있지만 의존도를 줄이면 스트레스도 줄어들 거예요.

유선전화도
밤 9시가 되면
전화선을 뽑아버립니다.
밤에는
연락이 와도
움직일 수 없기 때문입니다.

집의 유선전화도 밤 9시가 지나면 콘센트를 뽑아버립니다. 우리 집의 경우 업무 전화가 9시 이후에 걸려오는 일도 없고 만일 있더라도 움직일 수 없기 때문이죠.

전화로 24시간 영업을 할 필요는 없다는 게 제 생각이에요. 만일 밤 11시에 업무 전화가 온다 해도 대처할 방법이 없어요. 자는데 전화벨이 울려 깨는 것도 싫고 지금까지 밤중에 전화벨이 울렸던 건 잘못 걸려온 전화뿐이었어요. 급한 전화가 온 적도 지금까지 한 번도 없었고요.

우리 집에서는 텔레비전도 컴퓨터도 전화도 '사용할 때만' 연결하는 것이 원칙이에요.

인터넷 검색은
하지 않습니다.
정보를
얻는 데는
신문이 더 유익해요.

평소 컴퓨터를 쓰지 않아도 별로 곤란한 일이 없어요. 원고를 써서 메일로 보낼 때나 블로그에 공지사항을 올릴 때는 쓰지만 인터넷 검색은 하지 않습니다.

제가 하루에 얻는 정보는 이웃을 만나거나 장보러 갔을 때 들은 이야기, 신문과 라디오의 내용이 대부분이에요. 그래도 저에게는 많은 편입니다. 신문도 구석구석 전부 읽지 않고 라디오도 그것만 계속 들으면 피곤해집니다. 그렇게까지 정보가 필요하지는 않아요.

인터넷을 통해서도 정보를 얻을 수 있는데 왜 신문이냐고요? 저는 종이로 봐야만 기억에 남는 기분이 들기 때문이에요. 인터넷 뉴스는 휙휙 지나쳐버려 별로 기억에 남지 않더라고요. 인터넷에서 본 뉴스는 거의 잊어버립니다. 게다가 인터넷은 정보를 찾기 시작하면 끝이 없어서 시간도 많이 빼앗기게 되거든요.

신문에도 정보가 많지만 지면이 한정되어 있기 때문에 다른 길로 깊이 빠지지 않죠. 자기가 마음에 드는 기사를 중심으로 읽고 오려서 보관할 수 있다는 점도 마음에 들어요.

텔레비전은 거의 보지 않아요. 텔레비전을 보지 않고 뭘 하느냐고요? 우리 집 근처에는 도서관이 있는데 그곳에서 책을 빌려 읽고 있어요. 저는 도서관을 좋아해서 어릴 때부터 자주 이용했어요. 등하교나 출퇴근길에 꼭 책을 읽었고 집에서도 시간이 있으면 책을 읽습니다. 도서관에서 마음에 드는 책이나 작가를 발견하면 서점에서 구입하는 경우도 자주 있어요.

어른이 되고 나서 도서관에 가지 않는다는 분도 많은 것 같은데 도서관에 꼭 들러보시면 좋겠어요.

인터넷 정보는 수도꼭지를 틀면 나오는 수돗물처럼 찾으면 끝없이 펑펑 나옵니다. 하지만 한정된 정보 속에서 자신에게 필요한 것만 찾아내야 양질의 도움 되는 정보를 얻을 수 있어요.

신문도 연하장도
손에 잡히니까 좋아요.
게다가
정보를 발신하는
사람의
'얼굴'을 알 수 있어요.
얼굴이 보이는
정보라야 더 안심돼요.

전기요금은 500엔이지만 신문 대금은 매월 3,000엔 정도 내고 있어요. 그래도 구독하는 이유는 역시 '좋아서'입니다. 학교 다닐 때부터 신문은 꾸준히 구독하는데, 신문 구독비는 아끼고 싶은 마음이 없어요. 휴대전화와 전기요금은 줄여도 신문을 끊는 건 싫어요.

그렇게 많은 정보가 실려 있고 매일 아침 집까지 배달해 주는데 하루에 100엔 정도면 싼 편이라고 생각해요. 가격 이상의 가치가 있는 거지요.

인터넷은 손에 잡히지 않으니 왠지 실감이 나지 않는다고 할까요? 연하장도 이메일이나 인쇄 글씨만 찍힌 것보다는 손글씨로 쓴 문장이 들어있으면 기분이 좋잖아요. 그래서 저도 연하장은 반드시 손으로 써서 보낸답니다.

이건 지인에게 들은 얘기인데, 갑자기 세상을 뜬 친구의 부모님으로부터 연락이 왔더래요. "사이좋게 지내주셔서 감사합니다."라고 말이죠. 숨진 친구에게는 아는 사람도 많았을 텐데 자기에게만 진구 부모님의 정중한 편지가 왔던 거죠. 왜 그럴까 생각해보니, 그 사람만 친구에게 매년 연하장을 보냈던 것 같아요. 다른 사람들은 연하장이 아니라 이메일을 주고받았대요. 부모님이 유품을 정리할 때 아무래도 이메일까지는 볼 수 없었겠죠. 하지만 연하장은 남아 있었으니 연락처를 알고 연락할 수 있었다고 해요.

미담처럼 전해지는 이 얘기 속에 본질이 숨어 있는 게 아닐까 생각해요.

'손에 잡히는' 것은 그것만으로 존재 가치가 있어요. 살아있다는 것의 본질인지도 모르죠. 극단적으로 말하자면, 지금은 뇌에 자극을 주는 것만으로도 체험을 한 것 같은 가상세계를 만들 수 있는 세상이잖아요. 그렇게 '평생'을 보낼 수 있을지도 몰라요. 그런 디지털 속에서 살 수도 있겠지만 그것이 정말 행복한 일인지 풍요로운 삶인지 생각해보면 그렇지 않을 것 같아요.

연하장과 연하 이메일의 차이도 비슷한 것 아닐까요? 물론 사소한 감정의 기복은 메일로도 주고받을 수 있겠지만 진정한 넉넉함 같은 것은 어떤 식으로든 형태를 갖는 것이 기분 좋고 또한 남게 되는 것 같아요.

음식은 되도록 누가 생산하고 만든 것인지 알 수 있는 것을 먹는다고 앞에서 이야기했는데, 정보도 마찬가지로 출처를 모르는 것보다는 아는 게 좋아요. 누가 발신한 것인지 모르는 정보는 아무래도 안심할 수가 없거든요.

물론 인터넷이 전부 필요없다는 것은 아니에요. 집 근처에서 도저히 구할 수 없는 것이 있을 때는 인터넷 쇼핑을 요긴하게 활용하고 있어요. 필요한 자료를 찾을 때나, 뭔가 조사하고 관련된 것을 알고 싶을 때는 아주 편리하죠.

다만 인터넷에만 의존하는 건 불안하기 때문에 자제하는 편이에요. 인터넷 정보도 '누가' 발신한 정보인지 신중하게 파악하고 스스로 판단하려고 노력해요.

제게 필요한 것은
'생활을 위한
정보'예요.
세계정세를 아는 것도
중요하지만
우선은
살고 있는 지역의
정보를 알고 싶어요.

필요한 정보는 사람에 따라 다릅니다. 현재 자신에게 어떤 정보가 필요한지 생각해 우선순위를 정하면 되겠죠. 정보도 음식과 마찬가지여서 필요 이상으로 지나치게 섭취하면 영양을 흡수할 수 없어요.

저에게 우선순위가 높은 것은 생활과 육아예요. 그래서 우선 필요한 정보도 '생활을 위한 정보'입니다. 저는 그것을 우선적으로 섭취해요. 생활을 위한 정보란 우리 동네에 관한 것이나 음식 정보, 그리고 날씨 같은 거예요. 최소한 그것만 알아도 생활하는데 어려움은 없으니까요.

텔레비전과 인터넷으로 먼 나라의 정보는 얻고 있으면서 자기 지역에 대한 정보는 의외로 모르는 사람이 많은 것 같아요. 자기 지역의 일을 아는 것이야말로 중요한 것 아닐까요?

저는 일주일에 1회 발행되는 작은 지역신문을 보고 있어요. 살고 있는 니시타마 지구의 신문인데 의외로 재미있어요. '○○에 상점이 오픈했어요.'라거나 '△△씨가 상을 받았습니다.'라는 내용도 있죠. 이런 뉴스는 이웃과의 이야기 소재도 되고 재미도 있으니 여러 모로 쓸모 있답니다. 지역행사 같은 것도 실려 있어 내가 사는 지역의 일을 잘 알게 되지요. 기자도 지역에 밀착된 취재를 하기 때문에 믿고 읽을 수 있어요.

애독하고 있는 니시타마 지역 신문.

인터넷은
'정보'와 '관계'를
무제한 제공합니다.
그것은
편리한 반면
스트레스도 만들죠.
좋은 점만
내 것으로 만드세요.

인터넷에 지나치게 의존하면 편리해진 나머지 무엇이든 의존하게 됩니다. 좋은 점만 취해서 편리한 면을 이용하는 정도가 적당합니다. SNS 등을 이용한 인터넷상의 관계가 늘어나면 편리한 점도 있지만 너무 많아지면 힘들어요.

첫 책을 낸 뒤 많은 분들이 메시지와 메일, 댓글을 보내주셨어요. 기뻐서 일일이 답장을 하다 보니 주고받는 건수가 점점 늘어나 매일 밤 아이가 잠들면 이메일에 답장하느라 정신이 없었어요.

인터넷은 너무 편리해서 사람이 감당하지 못할 수준까지 능력을 확장할 수 있습니다. 그것이 좋은 면도 있지만 마이너스적인 면도 있어요. 인터넷이 없었다면 존재하지 않았을 교우관계까지 유지해야 하죠. 친구의 친구까지 저절로 연결되어 오히려 숨이 막힐 지경이에요.

진짜 친구들과 가볍게 연락을 주고받을 수 있다는 면에서는 편리하지만, 그의 친구나 지인들까지 관계가 확산되면 보이지 않는 스트레스가 됩니다. 아마도 인간이 가진 능력의 한계를 넘어섰기 때문이라 생각해요. 인터넷을 완전히 차단하기는 어렵지만 지나치게 의존해서도 안 되니 역시 '좋은 점만 취하는 것'이 제일이에요.

인터넷을 이용해 멀리 있는 사람과는 자주 연락하면서 오히려 가까이 있는 사람과 소원해지는 경우도 있는 것 같아요. 예전에는 물리적으로 가까운 사람일수록 관계가 깊은 것이 보통이었습니다. 가족이 가장 소중하고 이웃도 소중히 여겼죠. 그런데 어쩐지 지금은 그 반대라는 느낌이 들어요. 부모와는 소원하지만 인터넷 상의 지인과는 매일 연락을 주고받습니다.

정작 소중히 해야 할 주변 사람을 소홀히 하고 먼 곳의 마음 맞는 사람하고만 잘 지내는 거죠. **가까운 사람과의 관계를 뒤로 미루고 인터넷을 통해 멀리 있는 사람과 연락하는 건 자연스럽지 않은 것 같아요.** 인터넷으로 소통하려고 하기 전에 정말 소중한 사람과 얼굴을 보며 천천히 이야기를 해보는 건 어떨까요?

이웃과 사이좋게
지내는 것도
커뮤니케이션 공부랍니다.
이웃과의
교제를 즐겨보세요.

저는 도쿄 오타 구에서 태어났는데 친가와 외가도 근처에 있었어요. 양쪽 집 모두 가게를 하고 있어서 평소 사람들이 많이 드나들었고 이웃과도 꽤 친하게 지냈어요. 대학 때 농가 홈스테이를 갔을 때도 이웃과의 교제가 남아 있다는 걸 느꼈어요.

이웃과의 교제는 좋은 면도 있고 번거로운 면도 있다고 생각해요. 가끔은 아무리 노력해도 좋아할 수 없는 사람도 있죠. 하지만 맘에 안 드는 사람도 몇 번 만나다 보면 '이 사람은 이렇게 대하면 된다'는 걸 알게 돼요. 옛날에는 그렇게 커뮤니케이션 공부를 했지요.

요즘은 싫은 사람과는 안 보고 살 수 있는 세상이 되었어요. 아파트에서도 옆집 사람이 어떤 사람인지 모르는 경우가 많습니다. 인터넷을 이용하면 마음에 드는 사람과만 관계를 이어갈 수 있어요.

그렇게 모두가 편한 관계만 찾다 보면 다른 한편으로 문제도 생기는 것 같아요. 조그만 일에도 스트레스를 받는 거죠. '스트레스 내성'이 없어져 버리는 거예요.

이웃과의 교제뿐 아니라 직장에서도 학교에서도 싫어하는 사람이나 맞지 않는 사람은 있기 마련이에요. 그건 어쩔 수 없는 일이죠. 그래서 각자 그에 대한 대처 방법이나 거리를 두는 연습을 하는 거예요.

하지만 지금은 그런 것조차 귀찮다고 쉽게 그만둬버려요. **완벽하게 스트레스 없는 상태를 유지하려다가 오히려 숨이 막히게 되는 건 아닐까 싶어요.** 조금이라도 맞지 않는 사람과의 관계를 참지 못한다면 그것대로 힘든 일이에요. 어디로 도망치든 자신이 바뀌지 않는 한 해결되지 않는 문제죠.

그런 의미에서라도 이웃과 사귀어 보세요. 성가신 일도 있겠지만 그것까지 받아들여 즐길 수 있게 되면 인생도 즐거워진답니다. 멀리 있는 사람과 인터넷을 통해 관계를 맺는 것도 좋지만 주변 사람들과도 직접 관계를 맺어보는 건 어떨까요? 우선 이웃에게 먼저 인사를 건네 보세요.

친구라고 부를 수 있는
사람이
몇 명이나 있습니까?
얕은 관계의
아는 사람을 늘리기보다
깊은 관계의
친구를 소중히 여기세요.

친구는 많지 않아도 괜찮다고 생각해요. 저는 인터넷으로 지인을 무리하게 늘리지 않아도 지금 있는 주변 사람으로 만족합니다. 가까운 이웃과 동네에 마음 맞는 친구들도 몇 명 있지요. 좀더 극단적으로 말하자면 가족만 있으면 괜찮다고 생각해요. 함께 놀 수 있는 가족이 있으면 충분합니다. 가족은 마음 편하게 함께 할 수 있으니까요.

인터넷을 통해 모든 사람에게 호감을 사려고 하면 피곤해집니다. 모든 사람이 나를 좋아하도록 만든다는 건 무리가 아닐까요? 쓸데없는 신경만 쓰일 뿐입니다. 도저히 안 맞는 사람도 있고 가치관이 다른 사람도 있게 마련이지요. 아무리 노력해도 내 마음이 전달되지 않는 사람도 있을 거고요.

옛날 사람들은 모든 이에게 호감을 사려는 노력은 하지 않았어요. 고작해야 이웃에 신경을 쓰는 정도였죠. 하지만 지금은 인터넷 때문에 필요 이상으로 세계가 넓어졌어요. 인터넷상의 반응을 걱정하느라 살기 힘들어진 사람도 있지 않을까요?

멀리 있는 사람과 애써 사이좋게 지내는 것보다 우선 가까운 주변 사람들과 깊은 관계를 맺어 보세요. 그게 정신적으로도 풍요롭습니다.

장보기도 '물건'보다 '사람'이 먼저

'싸니까 산다'는 말은
너무 삭막해요.
제가 동네 상점가에서
물건을 사는 건
'이 사람에게 사고 싶다'는
생각이
크기 때문이에요.

저는 슈퍼보다 동네 상점가에서 장을 보는 편입니다.

가게 사람과 얼굴을 알고 지내면 여러 가지 좋은 점이 많아요. 덤을 더 얹어주기도 하고, 차나 과자를 주기도 하고, 좋은 물건이 들어오면 뒀다가 주기도 하고, 말을 걸어 주기도 합니다.

물론 그런 걸 기대하고 가는 것은 아니지요. 그런 사람들과의 관계를 즐기는 편이에요. 그리고 얼굴을 아는 사람이면 안심이 되기도 하고요.

'어디에 가면 누구를 만날 수 있다'는 통념이 이제는 거의 없어졌어요. 옛날에는 술집이나 카페 등 친구나 지인들이 자연스럽게 모이는 '아지트' 같은 곳이 있었는데 지금은 인터넷이나 휴대전화로 서로에게 연락하죠. 언제 어디서나 연락해서 볼 수 있으니까 반대로 모두들 어디에 누가 있는지 몰라요. '저기 가면 그 사람이 있다'는 기대를 이제는 할 수 없게 되었지요.

그런 점에서도 저는 상점가가 좋아요. 그 가게에 가면 항상 그 사람이 있으니까요. 카페도 개인이 운영하는 곳을 좋아해요. 저는 쇼핑도 '이 가게에서' 산다기 보다 '이 사람에게서' 사는 경우가 많아요. **물건이 목적이라면 어디서 사든 똑같지만 '이 사람에게서 산다'는 것은 거기서만 가능하죠.** 좋아하는 사람을 만날 수 있고 이야기할 수 있어 상보면서 기분까지 좋아진답니다. 싼 물건만 찾아 쇼핑을 하는 건 좀 삭막하다는 생각이 들어요.

　근처 정육점에는 저녁이 되면 항상 손님이 줄을 서 있어요. 근처에 더 싼 슈퍼가 있는데도 손님이 끊이지 않습니다. 왜냐하면 고기의 품질이 좋고 맛있는데다 그 자리에서 손님의 기호에 맞게 잘라 주거나 언제나 조금 넉넉하게 넣어 주기 때문이에요. 아주 조금밖에 사지 않는데도 싫은 얼굴을 하지 않고 세심하게 배려해주죠. 그래서 고기만은 늘 여기서 사는 사람도 많아요.

　싸게만 파는 가게였다면 인기가 있더라도 더 싼 곳이 생기면 그쪽으로 손님이 몰리겠죠. 하지만 그 정육점은 가격만으로 승부하지 않아요. 주인의 인품이 일종의 '셀링 포인트'가 되었답니다.

이웃의 얼굴을
모른다는 것은
이웃 사람도
나를 모른다는 것입니다.
방범이나 방재를
생각해서라도
이웃과
사이좋게 지내세요.

　이웃과 사이좋게 지내면 예컨대 아이가 아플 때 잠깐 봐 달라고 부탁할 수 있어요. 반대로 이웃이 어려울 때는 제가 도움을 주며 상부상조하지요.

　이웃 사람이 가족이나 아이를 알고 있으면 아이를 잃어버렸을 경우나 방재와 방범 면에서도 안심이에요. 평소 아이를 유치원에 데려다주면서 매일 인사를 나누다 얼굴을 익히는 경우도 흔해요. 가끔 유치원에 안 가거나 제 시간에 나타나지 않으면 걱정해주고 신경 써주는 사이가 되지요.

　이웃과의 교제에 대해 앞으로 새롭게 인식될 날이 올 거예요. 지금은 여러 가지 개인 정보가 알려지는 것이 위험하다고 생각하는 경향이 있어요. 아이가 어느 유치원에 다니고 있는지, 누가 어디 어디를 자주 가는지 등의 소소한 정보을 안다는 것이 좋게 활용되면 안전장치가 되지만 악용되면 위험하기도 하니까요. 이웃과의 교제가 힘들어진 것은 그런 나쁜 면도 있기 때문이라고 생각해요.

　서로가 얼굴을 알고 지낸다는 것은 다른 사람의 눈도 있나는 뜻이죠. 서로 얼굴도 모른채 살아가는 것 역시 무섭기는 마찬가지예요. 근처에 살고 있는 사람의 얼굴을 모른다는 것도 걱정이에요. 이웃에 누가 사는지 알고 있으면 수상한 사람이 있을 때 도움을 구할 수 있어요.

이웃과의 관계가 전혀 없다는 것은 주변 일에 대해서도 전혀 모른다는 말이므로 위험할 수 있어요. **'이웃 사람과 전혀 왕래하지 않고 이웃의 정보도 모르는'** 안전보다 '이웃에 누가 사는지 알고 있고 내 존재도 이웃에 알리는' 안전을 선택하고 싶어요.

6장

남과 비교하지 않고
내게 맞는 착한 미니멀 라이프

쇼핑할 때는
그것을
버려야 할 때를
생각하세요.

저는 충동구매를 하지 않습니다.

상품을 보고 잠깐 좋겠다는 생각을 하다가도 '아마 안 쓸거야.'라거나 '쓰레기만 될 뿐이야.'라고 생각합니다.

물건을 살 때 항상 염두에 두는 것은 '물건의 인생'에 대한 생각입니다. **'이것은 장수할 수 있는 물건일까(오래 사용하다 행복하게 죽을 물건일까)'라고 물건의 인생에 대해 생각하죠.**

사람들은 대부분 충동구매를 할 때 산 직후만 생각해요. 약간의 편리함과 쇼핑의 기쁨을 위해 물건이 '소비'되는 경우가 많죠. 그 결과로 물건은 불행해집니다. 물건을 살 때는 버려질 때까지의 과정을 생각해보세요. 내가 산 물건이 어떤 운명의 길을 걷게 될지 잠깐 상상해보세요. 그러면 쉽게 충동구매 하는 일이 줄어들지 않을까요?

'무엇을 갖고 싶은가? 또는 갖고 싶지 않은가?'라는 기준을 확실히 가지고 있는 것도 중요합니다. 그 기준은 사람마다 다르겠지만 '모두들 갖고 있으니까' 라는 이유로 마구 사버리면 물건도 불행해지고 돈도 없어집니다.

저는 항상 '쓸모가 있는가? 없는가?'라는 기준으로 생각합니다. 옷이 '예쁘다'는 생각이 들 때도 있지만 내 기준에 비추어 보고 '있는 것으로 충분하니까 됐어.'라고 생각을 바꿉니다. 너무 많으면 방해가 되니까요. 오히려 없는 게 기분 좋다고도 할 수 있어요. 둘 곳까지 생각하면 '없는 편이 좋다.'고 생각하게 돼요.

살 것인지 말 것인지의 기준은 '저렴한 가격'이 아닙니다. 아무리 싼 물건이라도 쓸모가 없을 것 같으면 구입하지 않습니다. 설령 무료 샘플이나 사은품이라도 내게 필요한 것이 아니면 받지 않아요. 가격만 기준으로 하다보면 방은 어느새 물건으로 넘쳐나게 되니까요. 이른바 필요 없는 쓰레기 일보 직전의 물건과 함께 사는 셈이죠. 반면, 쓸모가 있는가 없는가를 기준으로 하면 필요한 물건, 좋아하는 물건만 있는 풍요로운 생활을 할 수 있어요.

요즘은 사는 것보다
버리는 게
힘든 시대입니다.
되도록 버리지 않기
위해서라도
처음부터
쓸데없는 물건은
사지 않습니다.

저희 할머니는 습관처럼 "아깝다"는 말씀을 하십니다. 어려서부터 들었던 말이기 때문에 아마 저도 버리는 걸 싫어하게 된 것 같아요. 버리는 게 아까워서 되도록 버리는 물건을 줄이려고 노력합니다. 꼭 사야할 때도 '버리고 싶지 않으니까 사고 싶지 않다.'고 생각하게 된 거예요. 심플라이프를 추구한다거나 물건을 줄이겠다는 마음보다는 단지 '낭비하고 싶지 않다.', '버리고 싶지 않다.'는 생각이 강한 편이에요.

특히 육아용품은 짧은 기간만 사용하는 것이기 때문에 중고품을 사거나 누군가에게 물려받아서 쓰고 있어요. 꼭 사야 할 때도 '버리지 않아도 된다'는 기준을 가지고 고르죠. 그래서 가능하면 플라스틱보다 나무로 된 것을 선택합니다. 아이의 변기도 플라스틱 제품은 결국 쓰레기가 된다는 생각에 법랑제품을 선택했어요. 법랑제품은 튼튼하고 오래 쓸 수 있으니 필요가 없어지면 누군가에게 물려줄 수 있고 다른 용도로도 쓸 수 있어요. 그런 기준으로 골랐죠.

그렇다면 이미 방에 물건이 꽉 차 있는 경우 어떻게 줄이면 좋을까요? 우선 재활용 센터나 바자회를 활용하세요. 저도 회사 다닐 때 입었던 옷과 구두는 앞으로 입을 일이 없을 것 같아 처분했어요. 그리고 앞으로는 사지 않기로 했습니다.

요즘은 어디서든 원하는 것을 쉽게 구할 수 있어요. 인터넷을 이용하면 클릭 몇 번만으로 당일 혹은 다음날 상품이 배달되는 매우 편리한 시대가 되었죠.

반면에 줄이고 버리는 건 힘들어요. 쓰레기봉투를 사야하고 버리는 날도 정해져 있어요. 대형 쓰레기나 가전제품은 그 나름대로의 절차와 돈도 필요하죠. **지금은 사는 것보다 버리는 게 더 수고스러운 시대예요.** 그래서 필연적으로 방에 물건이 늘어나는 건지도 몰라요.

우선은 쓸데없는 쇼핑을 하지 않겠다고 다짐해 보세요. 자기 나름의 기준을 확실히 갖고 신중하게 쇼핑을 하겠다고 마음먹는 것이 중요합니다.

모든 사물은
지구상에 있는 이상
순환시키는 것이
자연스러워요.
흐름을 끊지 않고
살렸으면 좋겠어요.

생태계만의 이야기가 아니라 물건도 순환시키는 것이 중요하다고 생각해요.

저는 물건을 살 때 항상 순환시킬 것을 생각합니다. 그래서 가구도 낡은 것이나, 중고, 앤티크 제품을 찾죠. 앤티크 제품은 그 자체만으로 가치가 있기 때문에 저에게 필요 없어지면 누군가에게 물려주거나 팔 수 있어요.

대부분의 사람들은 새 것을 잘 사는데 요즘 물건은 대개가 대량 생산된 제품이고 오래 될수록 가치가 떨어지는 것도 많아요. 옛날 물건은 하나하나 정성스럽게 만들어진 것이 많으므로 그런 가치 있는 것을 골라 사는 것을 강력 추천합니다.

물건을 자기만 소유하고 버린다는 것은 흐름을 끊는 일입니다. 물건의 인생도 거기서 끝나버리지요. 그래서 저는 잘 '살리는' 것을 소중하게 생각합니다. 금방 죽게 만드는 것이 아니라 쓸 수 없게 되면 물려주거나 팔기도 합니다.

앞에서도 말씀 드렸지만 저희 집에서는 되도록 쓰레기를 만들지 않으려고 노력하고 있어요. **한 주에 나오는 쓰레기의 양은 기본적으로 가연용과 불연용으로 각각 5리터짜리 봉투 하나씩 정도입니다.**

물건의 인생을 생각하면 쓰레기를 버릴 때 죄책감을 갖게 됩니다.

그래서 자연스럽게 물건을 사지 않게 되죠. 게다가 집안에 물건이 많아지면 청소하기도 힘들어집니다. 그래서 없는 게 더 기분 좋아요. 물건이 없으면 찾지 않아도 금방 눈에 띄고 일일이 파악하기도 쉬워 쓸데없는 스트레스가 사라집니다. 물건의 인생을 생각해 철저히 순환시킨다는 생각을 하고 있으면 자연스럽게 심플하고 기분 좋게 생활할 수 있어요.

쓰레기를 버릴 때도 봉투에 넣어 현관 앞에 놔두면 회수해 가기 때문에 그 이후의 처리 과정은 우리가 보지 않아도 되는 시스템을 갖추고 있습니다. 현대는 '냄새 나는 것에 뚜껑을 덮는' 시대가 아닌가 하는 생각도 듭니다. 쓰레기의 행방에 대해서는 눈을 감아버리는 거죠. **쓰레기를 버린 뒤 어떻게 되는지를 상상해보는 건 어떨까요?**

생활도
육아도
돈이 아니라
시간을 쓰세요.

저는 육아에 별로 돈을 쓰지 않지만 그만큼의 시간을 들이고 있습니다.

기저귀도 일회용 기저귀 대신 천기저귀를 썼어요. 앞으로 책상도 필요해질 테지만 새로 사지 않고 코다츠나 밥상을 쓰려고 생각하고 있어요. 되도록 돈을 쓰지 않고 집에 있는 물건을 활용할 계획이에요.

육아에 돈을 많이 쓰면 더 훌륭한 어른이 되는 걸까요? 그렇지 않습니다. 아이들은 민감하기 때문에 자신이 얼마나 보살핌을 받고 있는 존재인지 느끼죠. 돈을 부정하는 것은 아니지만 저는 돈보다 제 시간을 주고 싶어요. 아이가 가고 싶어 하지 않으면 학원도 억지로 보내지 않습니다. 함께 밭에 가서 채소를 가꾸거나 함께 그림을 그리거나 하이킹을 하는 등 체험을 하는 것이 절대적으로 유익하다고 생각해요.

저는 아이에게 공부보다는 자기 주변의 일을 할 수 있도록 가르치고 싶어요. 채소 키우는 법, 세탁과 청소하는 법, 장아찌 담그는 법 같은 농업과 생활 기술을 가르치고 싶어요. **공부나 영어 회화보다 중요한 것은 '스스로 살아가는 힘'이니까요.**

기저귀 만드는 법

<재료>

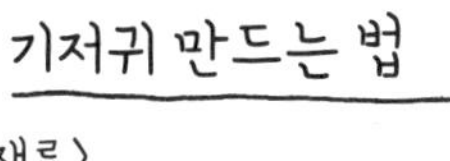

기저귀 한 장을 만드는데 140cm의 길이가 필요하다. 10m로 7장의 기저귀를 만들 수 있다.

<만드는 법>

① 70cm / 폭 30~35cm 정도 / ×7장

이 쪽의 가장자리 부분을 자른다.

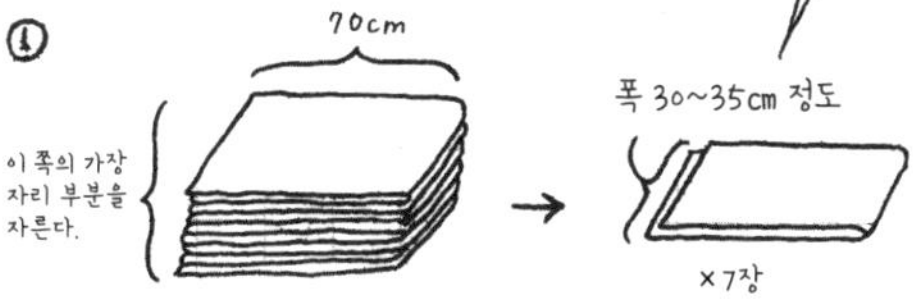

옷감을 약 70cm 길이로 접은 후 한 쪽의 접은 부분만 자른다.

② 여기를 꿰맨다. / 안 / 테두리 / 1cm 1cm / 1cm / 안 / 2cm

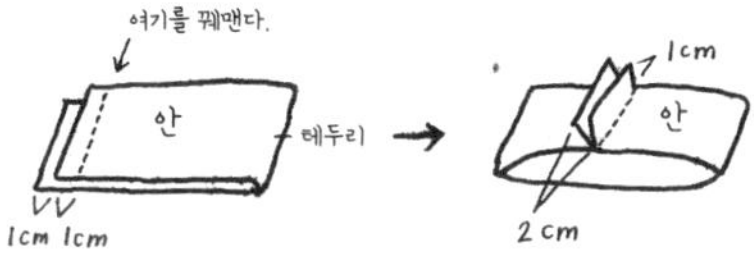

재단한 천을 반으로 접고 위쪽 천을 1cm 안으로 들인 상태에서 끝에서 1cm 되는 부분을 박는다.

③ 안

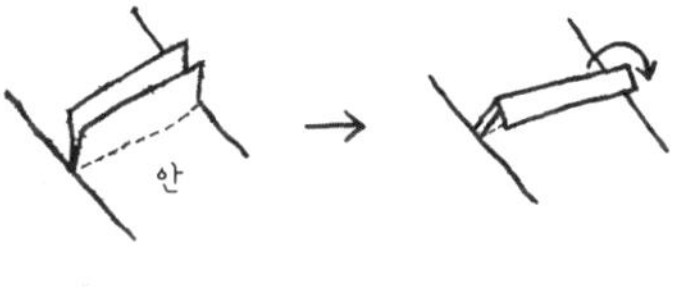

긴 쪽의 시접으로 짧은 시접을 덮어 솔기부분까지 접고 솔기 부분에서 다시 한 번 접는다. (공그르기)

④

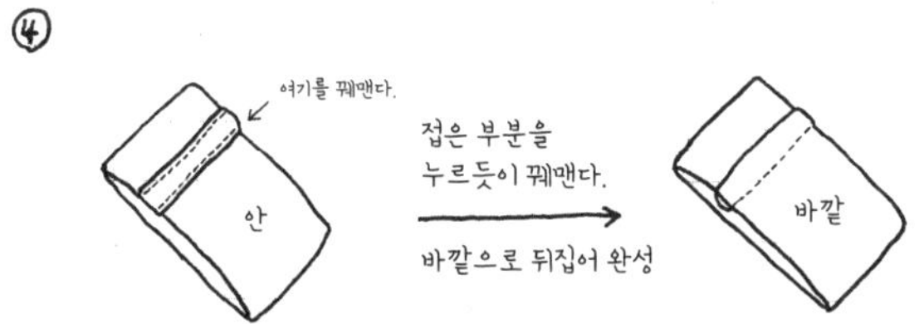

접은 부분을 누르듯이 꿰맨다.

바깥으로 뒤집어 완성

주식이나 증권에
투자하기보다는
생활의
기술 향상을 위해
시간을
투자하고 싶어요.

우리 집의 수입은 일반적인 직장인 가정의 평균 정도예요. 몇 년 전 집을 구입할 때 저축한 돈은 거의 다 써버렸고 주택 대출금도 있지만 월급의 범위 안에서 변통하며 수입에 맞춰 생활하고 있기 때문에 마이너스가 되는 경우는 없어요.

수입이 줄어도 그 범위 안에서 지금 있는 것으로 해결할 생각이기 때문에 미래에 대한 금전적인 불안은 특별히 없답니다. 이런 저의 생각은 기본적으로 학생 때 캠프 체험을 통해 영향 받은 부분이 많아요. 말하자면 '아무것도 없는' 것이 기준이죠.

일반적으로 말하는 노후의 불안이나 장래에 대한 불안은 물건이 많아 풍요로워 보이는 '지금의 생활'을 유지하지 못하면 어쩌나 하는 것 아닐까요? 하지만 저는 기본적으로 제로예요. **물건이 없는 게 기본에 깔려 있기 때문에 불안도 없는 거죠.** 원래 자취생활을 시작했을 때도 저금이고 뭐고 아무것도 없이 출발했기 때문에 그때에 비하면 끄떡없어요. 지금은 생활하는데 특별히 돈 문제는 없답니다.

저는 상한선을 먼저 정해두고 돈을 쓰고 그 이상 쓰시 않으려고 노력합니다. 돈을 들이지 않고도 시간을 보내는 방법이나 즐기는 방법이 여러 가지 있기 때문에 별로 힘들지 않아요. 공원에 가서 쉬거나 산책 하거나 도서관에서 책을 빌려 읽는 등 돈을 들이지 않고도 즐기는 방법은 여러 가지예요.

투자에도 별로 흥미가 없어요. 저는 투자 지식도 없거니와 돈을 불리기 위해 시간을 들이거나 신경 쓰는 것을 별로 좋아하지 않아요. 저에게는 생활 기술을 연마하는 것이 일종의 투자예요. 책을 읽거나 글을 쓰는 것도요.

싫어하는 일이나 좋아하지 않는 일에 시간을 들여 돈을 벌기보다는 지금 좋아하는 일에 시간을 할애해 기술을 연마하는 것이 더 큰 투자라고 생각해요.

100엔 숍에서도
기준은
'좋은 물건인가'입니다.
100엔이니까
사는
경우는 없어요.

‘절약 주부’라고 불리기도 하지만 ‘절약하겠다’는 생각이 강하지는 않아요. 하고 싶은 일을 했더니 결과적으로 절약하게 된 거죠.

저에게 ‘절약’이란 싼 물건을 사는 게 아닙니다. 살 때는 잘 생각해서 저에게 맞는 것, 스스로 납득할 수 있는 것을 찾죠. 그것이 가끔 싸다면 행운이라고 생각하는 정도예요.

싸다고 해서 계속 사면 자기도 모르는 사이에 상당한 액수를 써버리게 됩니다. 그리고 대부분은 당장 사용하지 않거나 버리기도 하지요. 그래서 긴 안목으로 보면 질 좋은 것을 오래 쓰는 것이 실제로는 싸게 먹힐 수도 있어요.

물론 싸고 좋은 물건도 있지만 살 때 그것이 ‘싸기 때문에’ 사는지 ‘필요하기 때문에’ 사는지를 스스로 질문해보는 건 어떨까요?

여윳돈이
가져다주는 것은
풍요가 아닙니다.
근심과 걱정을
달고 오지요.

이전에 세무사 사무실에서 근무할 때 땅주인이나 회사 대표, 자산가 등 돈 많은 사람을 만날 기회가 많았어요. 그때 든 생각은 돈이 있는 사람은 있는 대로 상속 문제나 돈을 빌려주고 받는 문제 등으로 꽤나 힘들겠다는 것이었죠. 돈이 너무 많아도 곤란하겠다는 걸 거기서 깨닫게 됐어요.

그 후로, 남아도는 돈 때문에 쓸데없는 고민이나 걱정이 생길 정도라면 그렇게 많은 돈은 필요없다고 생각하게 되었어요. 물론 돈이 전혀 없으면 곤란하겠지만 곤란하지 않을 정도만 있으면 충분해요. 아이들에게도 돈을 남겨줄 생각은 없어요. 그것 때문에 트러블이 생길 수도 있기 때문이에요. 돈이 있기 때문에 형제나 부모자식 간에 분쟁이 일어나고 법정에 서는 사태가 생기는 건 슬픈 일이잖아요.

여러 번 말하지만 '한정된 것을 어떻게 활용할 것인가'라는 발상이 소중한 것 아닐까요? 물건도 돈도 인간관계도 너무 많으면 거꾸로 불편해지는 경우가 있어요. 친구도 전혀 없으면 쓸쓸하지만 한없이 늘리면 쓸데없이 신경을 써야 하거나 문제가 늘어나기도 하죠.

자신의 형편에 맞지 않는 것은 갖지 않는 것, 그뿐이에요.

그리고 제가 돈을 쓸 때 항상 생각하는 것은 '돈의 목적지'예요. 돈이 어디로 가는지를 생각합니다. 예를 들어 수입된 값싼 농산물의 경우, 생산자에게는 아주 조금의 돈을 주고 운송비, 유통비 등 다른 곳으로 돈이 더 많이 들어가잖아요. 하지만 근처 직매장에서 사면 지역 농민들에게 조금이라도 돈이 더 돌아가지요. 어차피 사는 거라면 얼굴을 볼 수 있는 사람에게 돈을 내고 사고 싶어요.

선택할 수 있다면 되도록 얼굴을 볼 수 있는 사람, 행선지를 아는 곳에 돈을 쓰고 싶어요.

시간은 길이보다
밀도가
중요합니다.
한정된 시간을
어떻게
지내느냐에 따라
인생의
풍요로움이 결정됩니다.

생활을 즐기면 시간의 밀도가 높아집니다. 저는 시간의 길이보다 밀도가 중요하다고 생각해요. **모든 사람에게 평등하게 24시간이 주어지는데 그 시간을 어떻게 보내는지에 따라 엄청나게 행복해질 수도 있고 불행해질 수도 있어요.**

중요한 것은 주변의 소리에 휘둘리지 않고 자기 감각을 중시하는 거예요. 주변의 평가보다는 자신이 만족한다면 그것으로 충분해요. 주위 사람으로부터 "이런 불편한 생활을 하다니 안 됐다."거나 "힘드시죠?"라는 말을 들을 때도 있지만 저는 즐겁고 행복하기 때문에 아무 문제가 없답니다.

저는 이렇게 제 형편에 맞게 사는 것이 좋고 편하지만 여러분 중에는 더 편리하고 여유있는 생활을 하고 싶어 하는 사람도 있을 거예요. 좋아하는 것은 각자 다를 수 있으니 괜찮아요. 억누르려고 해도 막을 수 없죠. 만일 고급차를 갖는 게 자신의 가장 큰 행복이라면 그것은 그것대로 좋다고 생각해요.

다만 '더 높은 수준의 생활이 좋다'고 생각한다면 고급차를 갖게 된다고 해도 '이번에는 외국 어디에 별장을 갖고 싶다'는 생각이 들 거예요. 끝이 없는 거죠. 그러다가는 영원히 행복해질 수 없어요. 더 높은 곳을 추구하는 사고방식은 타인의 생활과 비교하는 데서 나옵니다. **남과 비교하기 때문에 질투나 부러움을 느끼는 게 아닐까요? 하지만 자신의 가치관이 더 소중해요. 남과 비교하지 마세요.**

고급차를 원한다고 말하는 사람은 '고급차를 갖고 있는 자신'이 될 수 있다면 행복할 거라고 생각합니다. 즉 지금은 불행하다고 생각하는 거죠. 하지만 그렇게 생각하면 설령 고급차를 갖게 되더라도 '별장을 가지고 있는 자신'이 더 위에 있으니 다시 지금은 불행하다는 생각에 빠지기 쉬워요. 어쩌면 행복감을 얻지 못한 채 일생을 마치게 될지도 모르는 슬픈 일이죠.

자신의 가치관을 소중히 여기고 남과 비교하지 않는 것이 풍요로운 인생을 보내기 위한 필수조건이 아닐까요?

맺음말

<u>돈을 많이 쓰지 않고도 넉넉하게 살 수 있습니다.</u>

제 삶에 대한 이야기가 어떠셨나요? 전기세가 500엔이라는 말을 듣고 "힘들겠다.", "괴롭겠다.", "즐겁지 않겠다."라고 생각하는 분도 계셨을 텐데, 전혀 그렇지 않다는 것이 조금이나마 전달되었을까요? 이 책의 내용 중 어느 한 가지라도 여러분의 생활에서 실천으로 옮겨진다면 더없이 기쁠 것 같아요.

전기를 되도록 쓰지 않는 생활을 하게 된 것은 역시 할머니의 영향이 컸어요.

할머니의 모습을 보고 배운 게 많거든요.

우선 형편에 맞게 생활합니다.

식사도 옷치장도 집에 대해서도 있는 척 하거나 꾸미지 않고 자기가 좋아하는 것을 소중히 여기는 것이 가장 큰 행복이라는 것을 배웠어요. '만족할 줄 안다'는 말이 바로 그거죠. 평소의 생활을 사랑하고 지금 있는 환경이나 주변 사람들을 소중히 여기는 것이야말로 가장 넉넉한 삶이 아닐까요?

그리고 지금 있는 것을 활용하는 거예요.

"이것을 할 수 없으니 그것을 사오자.", "이것을 못하는 것은 저것이 없기 때문이다." 할머니는 그런 생각을 하지 않았어요. 항상 지금 있는 것으로 어떻게든 해결하셨죠. 새 것을 사기는커녕 오래된 것을 버리는 일도 없었어요. 입버릇처럼 '아깝다'는 말씀을 하셨죠. 오래된 물건도 끝까지 쓰셨어요.

또 하나는 생활을 즐기는 거예요.

'형편에 맞는 삶'이라고 하면 검소하고 따분하다는 생각을 할지도 모르지만 할머니는 하찮다거나 귀찮다는 말을 한 번도 하신 적이 없어요. 매일의 일상을 담담하게 그러나 진심으로 즐기셨다고 생각해요.

생활에 불만이 있으면 '차가 필요하다'거나 '더 큰 텔레비전이 필요하다'거나 '멋진 집을 갖고 싶다'는 등 지금 '가지지 못한 것'에 눈길을 돌리기 쉬워요. 지금 있는 것에 대한 고마움을 잊어버리고 없는 것에 대해 생각하지요. 그러면 평생 생활을 즐길 수 없어요. 할머니는 지금 있는 것에 100퍼센트 감사했어요. 그래서 지금이 최고의 순간인 것이고 만족스러운 거죠.

할머니는 전기와 물건이 없어도 일상을 즐길 줄 아는 '생활의 달인'이셨어요. 돈이 많다고 풍요로운 삶을 사는 건 아니에요. 돈은 단순한 하나의 척도에 불과해요. 지금 생활에 감사하고 즐기는 것이 가장 넉넉한 삶이 아닐까요?